**全国青少年校外教育活动指导教程丛书**

中国教育学会少年儿童校外教育分会秘书处　组编

丛书主编/高彦明

◎青少年科技教育◎

# 与机器人共成长

陈沪铭　朱建平　戴　峥 /编著

云南大学出版社

**图书在版编目（CIP）数据**

与机器人共成长 / 陈沪铭，朱建平，戴崝编著. --昆明 ： 云南大学出版社，2011

（全国青少年校外教育活动指导教程丛书 / 高彦明主编. 青少年科技教育）

ISBN 978-7-5482-0401-5

Ⅰ. ①与… Ⅱ. ①陈… ②朱… ③戴… Ⅲ. ①机器人－青年读物②机器人－少年读物 Ⅳ. ①TP242-49

中国版本图书馆CIP数据核字(2011)第049886号

## 全国青少年校外教育活动指导教程丛书·青少年科技教育
## 与机器人共成长

丛书顾问：高　洪

丛书主编：高彦明

编　　著：陈沪铭　朱建平　戴　崝

责任编辑：李　红

封面设计：马小宁

出版发行：云南大学出版社

印　　装：昆明研汇印刷有限责任公司

开　　本：787mm×1092mm　1/16

印　　张：6.5

字　　数：83千

版　　次：2012年12月第1版

印　　次：2012年12月第1次印刷

书　　号：ISBN 978-7-5482-0401-5

定　　价：24.00元

地　　址：云南省昆明市翠湖北路2号云南大学英华园内

邮　　编：650091

电　　话：0871-5031071　5033244

网　　址：http://www.ynup.com

E－mail：market@ynup.com

## 作者简介

**朱建平**　上海市卢湾区青少年活动中心机器人学科教研组组长，中学高级教师；长期担任机器人科技活动指导教师，曾获"上海市优秀科技辅导员"称号。朱建平老师在模型指导教师岗位上工作了二十多年，擅长机械结构和机械传动机构设计，能较好地把模型技术特长融合到机器人科技活动中，并为机器人科技活动设计了多种教育机器人。作为机器人科技活动指导教师，指导学生参加上海市、全国乃至国际青少年机器人竞赛，多次获得金牌。

**戴　崹**　上海市卢湾区青少年活动中心青年教师，参与撰写《生物教育研究方法》、《病毒——隐形的生物毒枭》等科研教材或科普书籍，目前主要从事校外教育科研工作，对机器人课堂教学进行了长期的了解学习与跟踪研究。

# 丛书前言

面向广大青少年开展多种形式的校外教育是我国教育事业的重要组成部分，是与学校教育相互联系、相互补充、促进少年儿童全面发展的实践课堂，是服务、凝聚、教育广大少年儿童的活动平台，是加强未成年人思想道德建设、推进素质教育、建设社会主义精神文明的重要阵地，在教育和引导少年儿童树立理想信念、锤炼道德品质、养成良好行为习惯、提高科学素质、发展兴趣爱好、增强创新精神和实践能力等方面具有重要作用。因此，适应新形势新任务的要求，切实加强和改进校外教育工作，提高校外教育水平，是一项关系到造福亿万少年儿童、教育培养下一代的重要任务，是社会赋予校外教育工作者的历史责任。我们要从落实科学发展观，构建社会主义和谐社会，促进广大少年儿童健康成长和全面发展，确保党和国家事业后继有人、兴旺发达的高度，充分认识这项工作的重要性；要从学科建设的高度进一步明确校外教育目的，规范教育内容，科学管理手段，使校外教育活动更加生动，更加实际，更加贴近少年儿童。

为了深入贯彻落实《中共中央国务院关于进一步加强和改进未成年人思想道德建设的若干意见》（中发〔2004〕8号）和中共中央办公厅国务院办公厅《关于进一步加强和改进未成年人校外活动场所建设和管理工作的意见》（中办发〔2006〕4号）精神，深化少年儿童校外教育活动课程研究，总结我国校外教育宝贵经验，交流展示校外教育科研成果，为广大校外教育机构和学校课外教育活动提供一套具有现代教育理念、目标明确、体系完整、有实用教辅功能的工作参考资料，促进我国校外教育进一步科学化和规范化，中国教育学会少年儿童校外教育分会秘书处根据近年来我国校外教育发展状况和实际需求，以开展少年儿童校外课外活动名师指导系列丛书研究工作为基础，编辑出版了"全国青少年校外教育活动指导教程丛书"。

丛书在指导思想、具体内容和体例上，都坚持一个基本原则，就是按照实施素质教育的总体要求，立足我国校外教育实际，以满足校外教育需求为目的，坚持学校教育与校外教育相结合，坚持继承与创新相结合，坚持理论与实践相结合。要从少年儿童的情感、态度、价值观，以及观察事物、了解事物、分析事物的能力等方面入手，研究少年儿童校外教育活动课程设置，运用最先进的教育理念和最具代表性的经验进行研究、实践和创新。

我们对丛书的内容进行了认真规划。丛书以少年宫、青少年宫、青少年活动中心等校外教育机构教师、社区少年儿童教育工作者、学校课外教育活动指导教师，以及3～16周岁少年儿童为主要读者对象。丛书是全国校外教育名师实践经验的结晶，是少年儿童校外教育活动课程建设的科研成果。从论证校外教育活动课程设置的科学性入手，具体介绍行之有效的教学方法，并给教师留有一定的指导空间，以发挥他们的主观能动性，有利于提高教学效果。丛书采用讲练结合的方式，注重少年儿童学习兴趣的培养和内在潜能的开发，表现方式上注意突出重点，注重童趣，图文并茂，既有文化内涵，又有可读性，让少年儿童在快乐中学习。丛书的基本架构主要包括：教育理念、教育内容、教材教法、活动案例、专家点评等内容，强调体现以下特点：表现（教学内容、教学案例、教学步骤和教学演示）、知识（相关的文化知识）、鉴赏（经典作品赏析、获奖作品展示和点评）、探索（创新能力训练、基本技能技巧练习）。在各种专业知识、技能、技巧培训的教学过程中，注意培养少年儿童的以下素质：对所学领域和接触的事物应采取正确的态度，在学习过程中掌握一定程度的知识和技能，在学习过程中掌握科学的方法，提高自身能力，在学习过程中养成良好的行为习惯。丛书力争在五方面有所突破：一是课程观念。由单一的课程功能向多元的课程功能转化，使课程更具综合性、开放性、均衡性和适应性。二是课程内容。精选少年儿童终身学习必备的基础知识和技能技巧，关注课程内容与少年儿童生活经验、与现代科技发展的联系，引导他们关注、表达和反映现实生活。三是强调人文精神。在教学过程中，不仅注重技能技巧，还要强调价值取向，即理想、愿望、情感、意志、道德、尊严、个性、教养、生存状态、智慧、自由等。四是完善学习方法。将单一的、灌输式的、被动的学习方法转化为自主探索、合作交流、操作实践等多元化的学习方式。五是课程资源。广泛开发和利用有助于实现课程目标的课内、课外、城市、农村的各种因素。所以，丛书不是校外教育的统一教材，而是当代中国校外教育经验展示和交流的载体，是开展培训工作的辅导资料，是可与区域教材同时并用、相辅相成、相得益彰的学习用书。

为了顺利完成丛书的编辑出版任务，分会秘书处和各分册编辑成员做了大量的工作。我们以不同方式在全国校外教育机构和中小学校以及社会单位中进行调查研究工作，开展了"少年儿童校外教育活动课程研究"专题研讨、"全国校外教育名师评选"、"全国校外教育优秀论文和活动案例评选"等一系列专题活动，为丛书打下了坚实的群众基础；我们有计划地组织全国有较大影响的校外教育机构和学校，按照统一标准推荐在校外教育活动课程研究方面有一定建树的研究人员、一线教师参与设计和编著，增强了丛书的针对性；我们面向国内一流大学和重要科研单位，特邀知名教育专家对各个工作环节进行指导和把关，强化了丛书的权威性。该书的编辑出版得到了教育部基础教育一司、共青团中央少年部、全国妇联儿童工作部有关负责同志的肯定，得到了分会主管部门和中国教育学会、全国青少年校外教育工作联席会议办公室等有关单位的重视和支持，同时得到了各省（直辖市、自治区）校外教育机构的大力配合。

丛书是在国家高度重视未成年人思想道德建设的形势下应运而生的，是校外教育贯彻落实《国家中长期教育改革和发展规划纲要》的具体措施，更是校外教育工作者为加强未成年人教育工作做的又一件实事。我们相信，它将伴随着我国校外教育进程和发展，在服务少年儿童健康成长的过程中发挥应有的作用。

中国教育学会少年儿童
校外教育分会秘书处
2011年3月

# 本书导言

今天的文化就是明天的经济，今天的艺术就是明天的文物，今天的创意就是明天的财富。

"创新是一个民族进步的灵魂，是国家兴旺发达的不竭动力。"21世纪是人才的竞争，是民族创新能力的竞争。在这样的大背景下，上海市卢湾区青少年活动中心、卢湾区青少年视觉学院、卢湾区青少年人文艺术学院、卢湾区青少年科学研究院深入开展科技、艺术创新教育活动，并将它作为培养学生创新精神、创新品格和实践能力的一个重要突破口。多年来形成了校内校外结合、课内课外结合，面向全体学生、辐射更多学科的教育特色，这一特色不仅与二期课改"注重过程、着眼于学生的发展"的基本教育理念相一致，而且为各类科技、艺术特色活动的开展奠定了理论基础。

为了更好地满足学生学习需要，促进学生发展为本，提升教师专业化品质，卢湾区青少年活动中心以校本教材的开发和实践为着力点，以使学生学有所得，学有所用，促进学生个性发展，让教师在探索中寻求专业发展，在实践中提升综合素质，从而进一步提升中心的办学知名度，为卢湾的"办人民满意教育"树立品牌效应。

《与机器人共成长》一书是卢湾区青少年活动中心校本教材中的一册，也是活动中心教师们智慧和心血的结晶，并在实践中获得了较好的认知。本次中国教育学会少年儿童校外教育分会秘书处将本教材收录《全国青少年校外教育活动指导教程丛书》中，一方面是对本册教材的价值认定，同时也丰富了校外教育活动教材的种类，相信它将对国内校外教育系统的活动教学起到一定的推动作用。同时也真心希望这套由卢湾区青少年活动中心自主研发的校本教材，为青少年学生的终身发展奠定坚实的基础，在新一轮课程改革中为社会培养更多的创新型人才，为卢湾率先实现教育现代化，为全国校外教育系统的教育教学发展作出更大贡献。

编　者

2011年3月

# CONTENTS 目录

与机器人共成长

# 一、热情友好的机器人
## ——实现马达的转动控制

　　实验是学习机器人技术的主要途径，本教材从马达的转动控制实验开始学习。一般而言，机器人的组成部件包括软件和硬件两大部分，而马达是机器人硬件中的主要部件之一。马达的功能是产生动力，机器人执行移动、载重、抓取物体、加工装配零件等大部分机械运动任务时，都需要马达作为动力源。马达的种类非常多，但功能却是相同的，就是将电能转换为机械能。

* 熟悉了解机器人的动力部件——马达。
* 初步掌握图形化编程软件ROBOLAB的编程操作规则。
* 会运用ROBOLAB编程让马达实现规定时间的转动。

◆ 比一比：机器人的构造组成是否与人类相似？相似与差异各表现在哪？

◆ 想一想：马达怎样才能转动？怎样改变马达的旋转方向？

## （一）熟悉机器人的动力源——马达

### 1. 马达和导线

　　马达也称为电动机，就是通电后会转动的机电装置。乐高机器人的马达有许多种，如图1.1。图中第二个型号为5225的马达，如图1.2，它是组装机器人最常用的马达。它的外形近似一个立方体，马达的顶部和底部形

图1.1 乐高机器人马达

状是不规则的，这给马达的安装增加了很多困难。在以后的实验中，我们会逐步解决这些困难。5225马达的内部装有减速齿轮，所以马达输出轴的转速显得较慢，但大大提高了马达的转动力矩。马达的输出轴是截面为十字形的塑料轴，便于安装齿轮和车轮。

图1.2乐高机器人马达5225

马达需要电流来驱动，导线担负着传输电流的功能。乐高导线的两端接线柱与普通积木外形相同，与其他积木很容易装配。马达上表面黑色的四个凸点侧面有金属片，导线必须连接在这上面才有效，如图1.3。乐高马达是直流电动机，电源极性的改变会影响马达的旋转方向。乐高导线的接线柱与马达的连接方向不一样，可以改变电源的极性，也就是可以改变马达的旋转方向。在下面的实验中我们可以尝试以控制程序来改变马达的旋转方向。

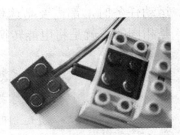

图1.3 马达凸点侧面与导线连接处有金属片

### 2．马达与导线的连接实验

直流马达还可以当做发电机使用，发电机与马达的功能正好相反，它是把机械能转化为电能。当外力让乐高马达旋转时，马达就变成发电机对外供电，可以用实验来验证：如图1.4，用一根导线把两个马达连接起来，转动一个马达，另一个马达也会转动，非常有趣。这时，被转动的马达就在充当发电机的角色，它发出的电流使另一个马达转动。

现在可以尝试变换导线与马达连接的方向，马达的旋转方向也会跟着改变。如图1.5。

接下来，再做一个小实验：如图1.6，先把导线的两端叠在一起，再连到马达上，这时候转动马达，会发现转动阻力很大，马达被制动了，可以再拿掉导线作对比试验，这是什么原因呢？

这种连接实际上是把导线中的两根电线互相接通，也就是把马达的两根引脚接通了，这在电路上称为短路。这时的马达既是发电机，又是电动机。手转动马达时，它相当于是发电机产生电流，而电流通过短路的导线又流回到马达，对马达产生转动力，这个转动力的方向与手转动马达的方向正好相反，就形成了旋转阻力。

在以后的学习中还会学到机器人的控制器也具有短路功能，可以对马达产生制动力；在机器人小车实验中这种制动力被称为刹车。

趣味实验园

图1.4 用一根导线把两个马达连接起来，顺时针转动一个马达，另一个马达会_____。

图1.5 变换导线与马达连接的方向，顺时针转动一个马达，另一个马达会_____。

图1.6 将导线两端叠在一起，再连到马达上，这时候转动马达，会发现_____。

# （二）ROBOLAB编程软件使用简介

## 1．ROBOLAB软件介绍

要让机器人完成任务，必须要用合适的软件去控制机器人。与乐高机器人配套的软件是一种图形化的编程软件，称为"ROBOLAB"。这种软件有一个简单、直观、易学的图形化编程环境。编程中很少用到键盘，依靠鼠标的点击移动就能完成编程的大部分操作。ROBOLAB内部使用的是G语言，而它的外观图形非常形象，图形内容表达的程序含义很容易理解，编程学习不需要死记硬背，几次编程操作就自然而然地掌握了编程规则。

## 2．ROBOLAB编程操作（软件安装可参考后面的阅读材料）

（1）启动ROBOLAB，在"开始"菜单中选择"所有程序"菜单，然后选择ROBOLAB，进入软件的开始界面，如图1.7。点击中间的编程者级别按钮就进入级别选择窗口。

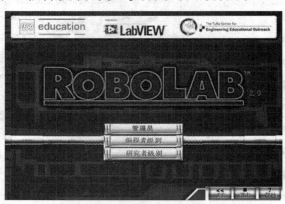

图1.7　ROBOLAB编程软件开始窗口

（2）图1.8就是级别选择窗口。导航者级别适合10岁以下的小朋友学习使用，10岁以上小朋友可以选择发明家级别，它又细分为4级，都可以双击进入编程窗口，下面的实例是Inventor 4。

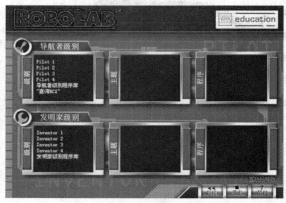

图1.8　ROBOLAB软件级别选择窗口

（3）双击Inventor4后，在屏幕上出现4个窗口（图1.9），分别是编程窗口，面板窗口，工具窗口，程序图标仓库。

图1.9　双击Inventor 4在屏幕显现出4个窗口

| 窗口 | 简　介 | | |
|---|---|---|---|
| 面板窗口 | 在发明家级别编程中没有用到，但它必须打开 | | |
| 编程窗口 | 程序在此窗口中建立<br>端点：程序以绿灯起始，红灯停止。在一个ROBOLAB程序只可以有一个绿灯起始端点，但多任务设计时可以有多于一个红灯终结。 | | |
| 工具窗口 | 操纵工具 | 常用于操纵面板窗口中的仪器板，常用于数据采集 | |
| | 定位工具 | 选择、定位图标，或更改图标尺寸 | |
| | 标示工具 | 编辑注解或文字输入 | |
| | 连线工具 | 在图表窗口中对图标进行连线 | |
| 功能窗口 | 见图1.10，里面的图标分为两类，上半部分是程序图标，下半部分图标右上角有小黑点的是菜单图标，点击后打开下层窗口。 | | |

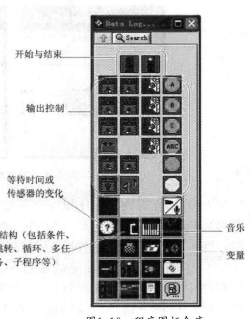

开始与结束

输出控制

等待时间或传感器的变化

结构（包括条件、跳转、循环、多任务、子程序等）

音乐

变量

图1.10　程序图标仓库

（4）现在可以开始尝试编程操作，在功能窗口内点击需要的图表，此时图标被抓取，移动到编程窗口中，按逻辑顺序在需要位置点击释放图标，图标之间距离较近时会自动产生连线，最后手动补充缺少的连线，即完成了程序编写。

（5）连线规则及手动连线操作：每个功能图标都有输入端和输出端；图标的左上角称为输入端，应与左边功能图标的输出端连线；右上角称为输出端，应与右边图标的输入端连线。连线操作时，点击工具窗口中的连线工具，单击前一个图标的输出端，然后单击后一个图标的输入端，这时图标之间就会显示粉红色连线。如出现黑白相间的错误线条，应先删除。删除方法是，鼠标点击工具窗口中的定位工具，再点击错误线条，此时错误线条会闪烁，按键盘上的删除键就能删除，然后才能作正确连线。

（6）连接完所有图标后，观察编程窗口的左上角，如图1.11，可以看到下载箭头按钮从破碎变成完整，这时点击下载按钮，并把红外线发射塔对准控制器的红外线端口，编写的程序就会下载到控制器。

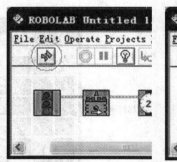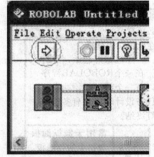

图1.11　红圈中的箭头反映了程序完整情况

（7）编程规则：程序以绿灯起始，红灯结尾。在一个ROBOLAB程序只可以有一个绿灯起始，但多任务设计时可以有多于一个红灯终结。程序图标互相必须用粉红色连线连接。

（8）查找错误：如完成编程后，下载按钮还是破碎箭头，此时程序中肯定有违反编程规则的内容，但初学者往往不知道错在哪里。软件提供了错误查找功能，点击破碎的下载按钮，会弹出错误列表窗口，如图1.12。选中某个错误，在点击搜索错误按钮（Show Error），程序中错误的地方就会有色块闪动。逐个更正错误，直至破碎按钮变成完整为止。

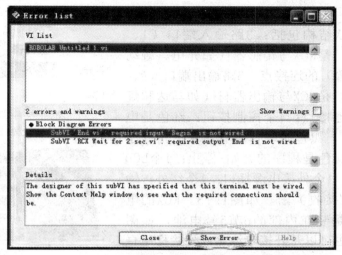

图1.12　错误列表窗口

# （三）机器人的控制器——RCX

　　乐高机器人控制器的缩写名称是RCX。它是整个乐高机器人系统的中枢，就像大脑一样控制、指挥机器人的行为。使用ROBOLAB软件编程并与装有RCX的机器人配合能创造出名副其实的机器人，它能独立运动、智能的去完成任务、甚至会去"思考问题"。

　　RCX不仅可通过红外发射塔与计算机通信，还可通过红外收发与其他RCX通信，通过互联网通信，配合丰富多彩的乐高积木和乐高传感器或第三方的仪器设备，让我们动手创造各种大型机电一体化系统，将抽象的理论知识和构思化为具体的自动化模型。

　　作为控制模块和微型电脑，RCX可用于机器人系统模型的输入和输出控制。使用ROBOLAB软件在电脑上编写程序，通过连接在计算机的红外线发射塔将程序下载到RCX，RCX即可脱离计算机独立执行程序，控制一系列输入和输出，来响应周围环境，并做出正确的动作。

## 1．RCX结构

RCX结构包括：3路输入端口（1、2、3），是RCX与传感器（如光电、触动传感器等）的连接点；3路输出端口（A、B、C），是RCX与输出器材（如马达和灯等）的连接点；4个控制按钮：红色是电源开/关，黑色是端口查看，灰色是程序选择，绿色是程序的开始/停止；1个LCD显示屏；1个外接电源插口；1个红外传输（发送/接收）器。如图1.13。RCX的电源通常是装在内部的6节5号电池，如图1.14。也可以是外接电池盒或外接稳压直流电源，电压9V。

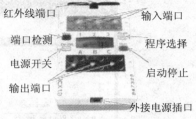

图1.13　控制器RCX

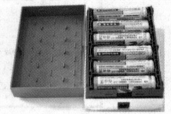

图1.14　控制器的电池盒

## 2．RCX安装固件

用ROBOLAB软件编写程序之前，RCX需要下载固件，我们可以打开RCX电源，检查RCX是否安装了固件，如果显示屏显示00.00，然后数字逐步增加，表明已安装固件，如果缺少了这四个数字，表明没有安装固件，如图1.15。

图1.15　液晶屏显示固件没有安装

安装固件的步骤：

（1）启动ROBOLAB。

（2）选择管理员按钮。如图1.16。

（3）按下RCX上的ON-OFF按钮，打开RCX。

（4）将红外发射塔放置在RCX前面（RCX的红外端口必须对着红外发射塔）。

（5）选择下载固件，下载过程需要4分钟左右。

（6）固件下载完成后，选择"返回"按钮。就可进入编程环境编写程序了。

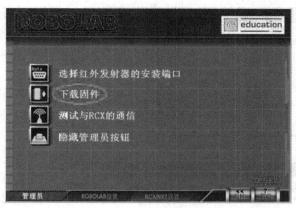

图1.16　在开始窗口单击管理员进入此窗口

如果拿走RCX中的电池，将丢失固件，需要重新下载。为了防止更换电池时固件丢失，需要关闭RCX电源，然后在1分钟之内更换电池。如果一次更换一节电池，那么每更换一节就有一分钟时间。

如果固件突然丢失，可能因为在下载程序时，有多个RCX在同一个红外发射塔的发射范围之内。关闭不需要下载程序的RCX或者将RCX拿走。

## （四）马达转动控制实验

了解了马达、ROBOLAB软件、机器人控制器RCX后，就可以让它们配合起来工作了。

先尝试让马达按我们的需要转动规定的时间，按图1.17把RCX与马达连接好。

实验1：接在A端口上的马达（以后简称A马达）转动2秒钟后停住。

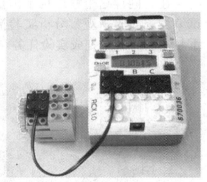

图1.17　单个马达控制实验

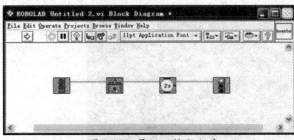

图1.18　最短可执行程序

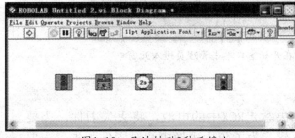

图1.19　马达转动2秒后停止

初学者编写的程序可能与图1.18的内容相同，这个程序在实验时会发现，马达在转动2秒钟后不会停下来。我们观察RCX的显示屏，在按下RUN键后，屏幕内有个小人在活动，到2秒钟后，小人不活动了，说明程序运行的时间是2秒钟，那为什么在程序运行结束后马达没有停住呢？原来机器人一般有这样的规律，程序运行结束后机器人会保持在程序最后的状态下。所以要让马达在2秒钟后停住，程序里要有马达停止转动的命令，图1.19是符合实验要求的程序范例。红色有A字的图标就是让接在A端口的马达停止转动的程序，简称A停图标。

实验2：A马达和C马达同时启动，A马达在1秒钟后停住，C马达继续转1秒钟后停住。这个实验的程序希望由学生自己来编写，教材中就不出范例了，只要实验能达到要求就可以了。

实验3：A马达先转动1秒钟，接着C马达开始转动，过1秒钟后同时停住。同样这个程序也不出范例了。一般会有以下的实验过程，尝试编程→实验→观察分析实验情况→修改程序→实验，后三步可能会重复多次，直到完成实验任务。请将实现任务的程序记录于下方。

## 拓展与挑战

1. 改变马达的旋转方向有几种方法？

2. 实验停止后用手转动马达与关闭电源后转动马达有区别吗？它是否验证了编写程序中的红色图标不仅是对马达停止供电，还有短路制动作用。

3. 机器人程序编写还需遵循这样的原则：即完成同样实验任务，程序写得越短越好。

# 机器人的概念及基本特征

**阅读材料**

机器人包含有机械装置，但外形并不一定像人。机器人是能自动化工作的机器，其具备一些与人或生物相似的智能能力，如感知能力、规划能力、动作能力和协同能力，是一种具有高度灵活性的自动化机器。不论其形状、功能如何差异，机器人必须具备以下三个特征：

**身体：** 是一种物理状态，具有一定的形态，机器人的外形究竟是什么样子，这取决于人们想让它做什么样的工作，其功能设定决定了机器人的大小、形状、材质和特征等等。

**大脑：** 就是控制机器人的程序或指令组，当机器人接收到传感器的信息后，能够遵循人们编写的程序指令，自动执行并完成一系列的动作。控制程序主要取决于下面几种因素：使用传感器的类型和数量，传感器的安装位置，可能的外部激励以及需要达到的活动效果。

**动作：** 就是机器人的活动，有时即使它根本不动，这也是它的一种动作表现，任何机器人在程序的指令下要执行某项工作，必定是靠动作来完成的。

在我们的生活中，虽然大多数电器设备不一定完全具备上述特征，但它们却也广泛运用了各种机器人技术，方便了我们的生活，例如，自动帮我们应答电话、自动开门、声控开灯、自动调节冷暖气，出售饮料和食物等。

# 二、信守承诺的机器人
## ——实现规定航程

大部分教学机器人小车上都安装有两个动力马达，分别带动左右两个主动轮。对这两个马达进行适当的转动控制，就能使机器人小车按要求行驶。在了解机器人常用零件的基础上，我们将进一步学习一种机器人小车的组装方法，并掌握机器人小车航行规定距离的程序编写；同时，通过不断地调整程序，使机器人小车完成预先规定距离的航行实验。

* 逐步熟悉用乐高零件组装机器人的规律。
* 掌握机器人实验小车的拼装方法。
* 能完成机器人小车规定航程的航行实验。

◆ 想一想：机器人小车由哪些结构组成？
◆ 试一试：寻找机器人小车航行距离因时间变量变化的规律。

## （一）认识机器人基本零件

再复杂的机器人结构，也是由许多基本零件组装而成。下面，先来认识一下乐高机器人材料最基本的三种零件，砖、梁、板。它们是组装乐高机器人常用零件。

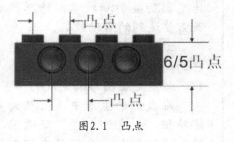

图2.1 凸点

1.凸点是基本单位：乐高机器人零件的简单组装是凸点嵌入，凸点是第一代乐高积木的主要特征，也是确定零件规格的基本单位。相邻两个凸点的中心距为0.8厘米。如图2.1。

2.砖是早期乐高积木使用最多的零件，与建筑材料中的砖块很相近。9786套材中只有两种砖，规格为2×2砖和2×4砖。在其他乐高材料中还有很多种砖。如图2.2。

| | | |
|---|---|---|
| 1×6砖 | 1×4砖 | 1×2砖 |
| 1×2 斜角砖 | 1×2 反向斜角砖 | 2×8砖 |
| 2×6砖 | 2×4砖 | 2×3 反向斜角砖 |
| 2×3 拱形砖 | 2×2 砖 | 2×2 角砖 |
| 2×2 圆砖 | 2×2 斜角砖 | 重力砖 |

图2.2 各种规格的砖

3. 当乐高积木提升到乐高机器人材料后，乐高零件中使用较多的是梁，类似建筑中梁的作用，机器人结构中梁也是承受强度的主要零件。梁的特征是有圆孔，圆孔在两个凸点之间，所以圆孔的数量总是比凸点少1。梁的厚度与砖相同，梁的宽度都是一个点宽，最长的梁有16个凸点，梁的长度点数都成双数。9786套材中共有5种长度的梁，如图2.3。

图2.3　9786套材中的梁

4. 较薄的零件称为板，三块板重叠起来的厚度正好与砖和梁相同，如图2.4。板的规格也是以凸点的数量来衡量，大尺寸的板一般作为机械结构的底板，小尺寸的板可以作为组装结构中的零件。大部分板是没有孔，少部分两个点宽的板有圆孔。

图2.4　三块板与一块砖厚度相同

# （二）实验小车装配步骤

图2.5　核心套装9786

乐高9786套材被称为核心套装。它包含了机器人基础实验需要使用的基本零件，本教材中介绍的机器人实验都可以使用这套材料完成。9786套材的零件放在两层塑料格内，每个零件都有规定的位置，并有图纸说明。每次实验结束应该根据图纸把零件放到规定位置。如图2.5。这些对我们养成有条不紊的工作习惯极为有益。

9786套材有一本配套的小车装配说明，介绍了两种基本车型及扩展功能装配方法，这一章的实验小车采用第一种基本车型，但用定向前轮替换了原来的圆弧面万向轮，这是为了稳定航向。下面的部分装配图选自9786套材的装配说明。组装步骤见图2.6至2.14。

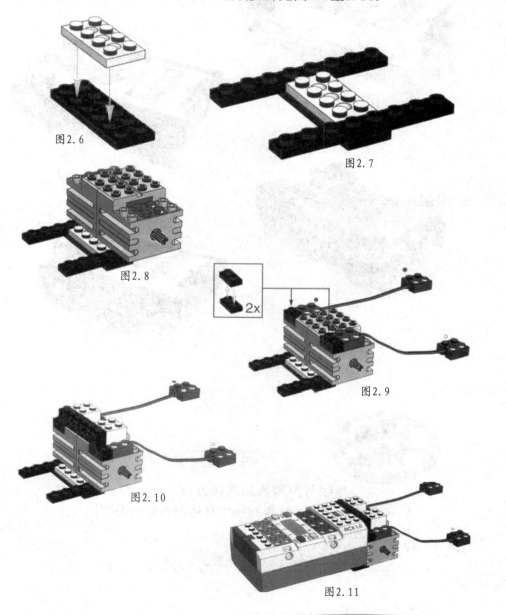

图2.6

图2.7

图2.8

图2.9

图2.10

图2.11

图2.12

图2.13

图2.14

图2.15

　　导线与控制器的连接方向，与配套的装配说明方向相反，这样程序中马达向右箭头的图标，正好使小车前进。

# （三）机器人小车规定航程实验

要让机器人小车航行距离符合要求，需要在程序中精确控制马达转动时间。图2.16红圈内的程序图标可以把时间控制精确到千分之一秒。这个图标需要数字变量图标的配合，点击图2.17中的红圈，就能打开变量图标窗口，如图2.18，红圈是文字和数字变量图标，把它连接到时间控制图标的右下角，输入数字1代表千分之一秒，读作1毫秒，也可以读为0.001秒。想一想"如果变量的数字是1200，应该怎样读"。依靠这样精度的时间控制，可以让机器人小车的前进距离精确

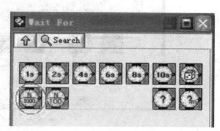

图2.16

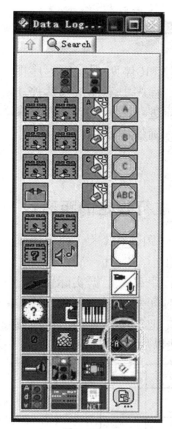

图2.17

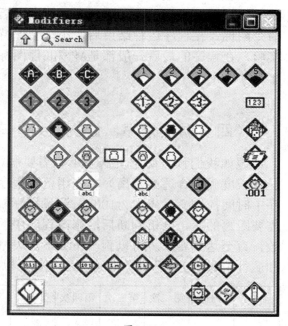

图2.18

到厘米级。时间控制图标右下角如果不加变量，就执行默认的1秒钟。

图2.19是实验的范例程序，绿灯后的第一个图标是200毫秒延时，这个程序图标的作用是，在按下RUN键后，机器人小车会在0.2秒以后再启动，这就避免了手指按键对小车启动的干扰。而0.2秒的延时对人不会有明显的感觉。

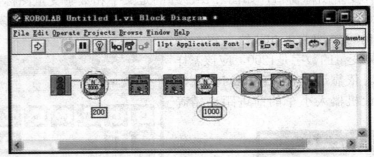

图2.19

在程序最后的红灯前，范例程序中有A停和C停两个红色程序图标，你是否记得它们的功能。在马达启动后，程序中不加入马达停止命令图标，在程序运行结束后，小车会保持前进状态。以后凡是小车实验，在程序的最后一般都是A停和C停图标。确保程序运行结束，小车马上停止。

## （四）调试程序，让机器人小车航行规定的距离

假如我们预先确定机器人小车需要航行的距离为1米（或根据实验台长度确定合适的距离），先用范例程序让小车航行一次，范例程序中时间控制变量先设为1000，测量实际航行距离，根据实际距离与需要距离的差，分析判断后，修改程序中的时间变量，再测量，再修改，直至达到要求。可以画一个如下的表格，把每次实验的时间变量和航行距离都记录下来，从中寻找规律，以便以后实验提高效率。

|  | 第一次 | 第二次 | 第三次 | 第四次 | 第五次 | 第六次 | 第七次 | 第八次 | 第九次 |
|---|---|---|---|---|---|---|---|---|---|
| 时间变量 |  |  |  |  |  |  |  |  |  |
| 航行距离 |  |  |  |  |  |  |  |  |  |

## 拓展与挑战

红色A停和C停图标的作用不仅是停止对马达供电，还对马达短路，从而产生制动力，并对机器人小车具有刹车作用。

我们也可以让小车缓慢停下来，如把红色A马达停和C马达停图标改成黄色图标，如图2.20。此图标的程序含义是停止对马达供电，但不对马达短路（此时也可称为马达开路），所以以马达没有旋转阻力，这时机器人小车会依靠惯性滑行一段距离。但黄色图标内没有端口信息，所以要在其左下角加端口变量（如图2.21），以确定控制对应的马达。

图2.20

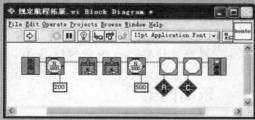

图2.21

# 机器人的构造

机器人是模仿人或者其他生物制造出来的自动化机器，虽然其外形不一定像人，但其组成及其运行原理却与人或其他生物相似。

**阅读材料**

一般而言，机器人的组成部件包括软件和硬件两大部分。其中，机器人的硬件主要由五部分组成，分别是机械本体、执行机构、控制系统、动力装置和传感器系统。

**机械本体** 机械本体是机器人的躯干，它的功能就是连接各个部件。

**执行机构** 执行机构是机器人赖以完成作业任务的机构，一般是一台机械手，也称操作器、或操作手，可以在确定的环境中执行控制系统指定的操作。而车轮是教育机器人小车的执行机构。

**控制系统** 控制系统是机器人的指挥中枢，相当于人的大脑功能，负责对作业指令信息、内外环境信息进行处理，根据完成任务的要求，发出各种控制命令。

**动力装置**　机器人的动力系统，相当于人的肌肉系统，一般由驱动装置和传动机构两部分组成。驱动装置因驱动方式不同可分成电动、液动和气动三类。驱动装置中的电动机、液压缸、气缸可以与操作机直接相连，也可以通过传动机构与执行机构相连。传动机构通常有齿轮传动、链轮链条传动、蜗轮蜗杆传动、皮带传动、曲轴连杆传动等多种类型。

**传感器系统**　传感器系统是机器人的感测系统，相当于人的感觉器官，是机器人系统的重要组成部分，包括内部传感器和外部传感器两大类。内部传感器主要用来检测机器人本身的状态，为机器人的运动控制提供必要的本体状态信息，如位置传感器、速度传感器等。外部传感器则用来感知机器人所处的工作环境或工作状况信息，又可分成环境传感器和末端执行器传感器两种类型；前者用于识别物体和检测物体与机器人的距离等信息，后者安装在末端执行器上，检测处理精巧作业的感觉信息。常见的外部传感器有红外线传感器、超声波传感器、视觉传感器等。

# 乐高的梁

假如要在垂直位置装一根梁，用来支撑两层或者更多层的水平位置的梁。我们必须记住6∶5这个比值。梁上的孔与凸点一样都以相同的间距排列，但它们与凸点是以半个凸点间距交错排列的。当我们把两根梁嵌在一起，水平方向两孔的间距不等于垂直方向两孔的间距，而不同层面上的孔就不能与之配合。换句话说，由于6∶5的尺寸关系，一根垂直的梁上的孔不能够与一叠嵌在一起的梁上的孔相配合。

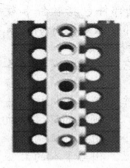

图2.22

然而，用6的倍数（6、12、18、24、30……）来计算垂直方向的单位，并用5的倍数（5、10、15、20、25……）来统计水平方向的单位。不要数开始的积木和开始的孔，因为它们是你的参照点；你测量的就是距离这个点的长度。当你数到5个垂直单位的长度达到了30，当你数到6个水平方向单位，长度也达到了相同的数值。从中我们能得到一个定理：在叠嵌在一起的梁中，第5根梁的孔是和与之正交的垂直的梁上的孔重合的。

# 三、随机应变的机器人
## ——实现精确转弯

除了工业机器人和类人机器人外，其他机器人中比较多的是采用车辆形式，尤其是教学机器人，大部分是车辆形式。直线前进是机器人小车最简单的航行，这一章开始我们要学习如何让机器人小车做转弯航行。普通车辆的转弯是依靠驾驶员操纵方向盘，再通过车辆内部的机械传动带动车辆的前轮偏转，车辆在偏转的前轮引导下进入转弯航行。而机器人小车的转弯控制采用完全不同的方法。

* 能解释说明机器人小车与普通车辆转弯控制的差别。
* 能用时间控制程序让机器人小车完成精确转弯。

◆ 想一想：机器人小车每个航行状态对应几个程序图标？
◆ 比一比：普通车辆转弯控制如何实现？机器人小车转弯是否与之相同？

## （一）认识机器人的零件轴与轴套

轴的功能是给车轮、齿轮、皮带轮等转动零件提供安装支承，并为它们传递动力。在一般机械中轴与轮的联动结构较复杂，需要规范的安装步骤。乐高轴的断面是十字形，各种轮的中心孔也是十字型，所以轴与轮能很好地配合，且安装容易。9786套材中共有九种不同长度的轴，如图3.1。轴的长度单位也是凸点，最短的轴长度为2个凸点。轴需要轴承提供旋转支点，梁和板的圆孔承担了轴承功能。为了防止轴的穿动，可以在轴上套轴套，如图3.2。

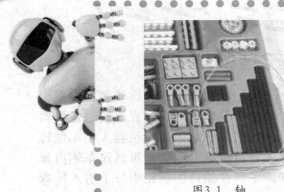

图3.1　轴　　　　　　　　　图3.2　轴套

## （二）用简单实验来体会机器人小车的转弯控制原理

　　普通车辆的转弯控制方法大家都知道，但这需要依靠车辆内部复杂的转向传动机构来实现，如图3.3。如果机器人小车的转弯控制也采用这种方法，就要在机器人小车中安装复杂的前轮偏转机械机构，还需要通过程序对前轮的偏转作出精确的控制，这一方面会增加教学机器人制造成本，另外也使机器人的硬件组装和程序控制的难度大大提高。

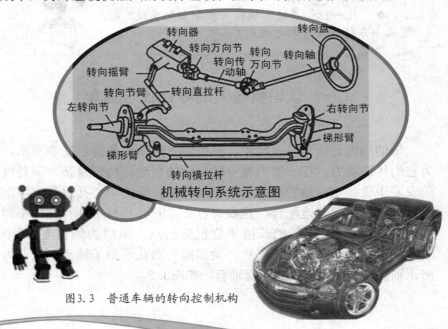

图3.3　普通车辆的转向控制机构

大部分教学机器人小车虽然没有车轮偏转控制机构，但采用两套独立控制的动力装置分别驱动左右两个主动轮（也有采用四个），却可以和普通车辆一样完成各种转弯路线的航行，甚至于比普通车辆有更强的航行灵活性。如图3.4列举了多种教学机器人，都是双动力驱动结构（右面中间除外）。这种采用左右轮分别驱动的航行控制方式与军用坦克车的航行控制有点类似。

图3.4　多种教学机器人

图3.5显示了实验小车的组装步骤。这一章的实验小车，组装步骤与前一章不一样，采用先组装部件，再把部件组装成整车。如有条件补充一个9786套装内没有的大皮带轮，作为小车的前轮，实验效果会更好，下图对两种皮带轮作前轮的装配方法都作了说明。

前轮部件

前轮支架部件

动力部件

整车安装

图3.5　先组装部件的小车装配方法

　　实验小车组装好后，先做几个简单的航行小实验来体会机器人小车的转弯控制原理，即了解马达运转状况与小车航行状态的对应关系。当两个马达处于不同转速时，机器人小车就会进入转弯航行状态。两个马达转速不一样的情况大致有以下几种。

　　（1）两个马达都驱动车轮向前转，但转速有差别，这时小车就会向转速慢的车轮一侧偏转，走出圆弧航行路线，转速差别越大，圆弧就越小。这种情况与普通车辆的转弯航行很像。我们称这种航行状态为圆弧转弯。但这种航行状态在车速较快，主动轮抓地力较差时往往需要万向轮作被动轮配合，关于万向轮的内容将在第五章中实验，这里就不讨论了。

　　（2）两个马达以相反的方向转动，机器人小车将在原地打转，我们称为原地转弯，图3.6的程序传给控制器，就能看到机器人小车原地打转的航行状态。

　　（3）一个马达带动车轮向前转，另一个不转，且处于短路刹车状态，这时小车进入急转弯

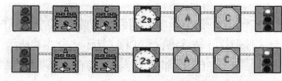

图3.6　原地急转弯

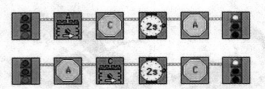

图3.7 前进急转弯

航行状态，相对前面的原地转弯，称这种转弯为前进转弯，图3.7的程序传给控制器，可以体验小车的前进转弯航行。

（4）一个马达倒转，另一个马达不转，也处于短路刹车状态，机器人小车会倒退着转弯，称为倒退转弯，图3.8就是倒退转弯程序。

我们把后面三种航行状态称为急转弯航行，由此可把机器人小车的各种航行状态分为三大类，直线、圆弧转弯、急转弯。你能判断上面几条程序小车的转弯方向吗？

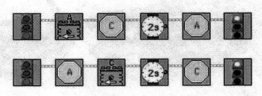

图3.8 后退急转弯

## （三）机器人小车实现精确控制转弯角度实验

前面的几个小实验使我们体会到了控制机器人小车转弯的原理和方法，在此基础上我们要让机器人小车作精确控制转弯角度实验，大部分情况下小车行驶以前进为主，所以精确转弯实验是在小车前进一段距离后再作转弯航行，这是两个航行过程的连贯运行，我们先来讨论怎样编程。

图3.9 前进加前进左转弯程序

图3.9是小车精确转弯实验的范例程序，从程序图中可以找到这样的规律，每个航行过程对应三个主图标，两个马达图标，一个时间控制图标，一般都把左马达接在控制器的A端口，右马达接在C端口。在基础实验阶段，编写程序时，把一个航行过程的三个图标互相靠拢形成一组，对于分析调试程序会带来方便。第一个前进航行不要求精

确，根据场地情况，确定前进时间，一般在1秒钟以内，第二个航行过程是急转弯，程序中采用了前进转弯动作，通过调整时间变量来改变小车的转弯角度，实验要求机器人小车的航向正好转动90度，如图3.10。所以时间控制使用了千分之一秒精度的图标。程序结尾的红灯前放了一个ABC停图标，表示程序结束，所有马达都停止转动。以后凡是小车实验，都可以这样编程。

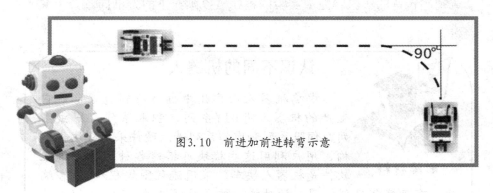

图3.10　前进加前进转弯示意

## （四）在试验中调试程序

和前一章调试航程一样，在观察机器人小车的航行情况的基础上，分析判断后确定如何修改变量数值，再实验，再修改，反复多次。可以像前一章介绍的一样画一张表格，把实验过程记录下来。转弯情况的记录可以根据钟面的数字排列来表达，如把6点钟作为出发方向，小车作标准90度左转弯，相当于转到3点钟，以钟的分针读数来记录小车转弯角度，转90度就记录15，把实验过程记录在下面表格内，即有利于分析，又作了实验过程保存。

|  | 第一次 | 第二次 | 第三次 | 第四次 | 第五次 | 第六次 | 第七次 | 第八次 | 第九次 |
|---|---|---|---|---|---|---|---|---|---|
| 转弯时间变量 |  |  |  |  |  |  |  |  |  |
| 转向分针位置 |  |  |  |  |  |  |  |  |  |

## 拓展与挑战

1. 在完成直角转弯后，让机器人小车再增加一段前进距离，就完成了一个"L"字的航行，你可以尝试一下自己编程，完成实验。这是三个航行过程连贯运行的实验。

2. 除了前进转弯外，也可以尝试用原地转弯和后退转弯来完成精确转弯的实验。完成实验的程序可以画在下面方框内。

# 认识不同的机器人

阅读材料

中鸣机器人由广州中鸣公司制造。目前它生产的机器人有DIY系列、积木系列、甲虫系列、伺服系列和虚拟系列等。硬件采用模块化结构，用户利用这些模块可搭建各种形状。编程软件是机器人快车，采用流程图编程和C语言编程，有下载程序到机器人的功能。该公司网址是：http://www.robotplayer.com。

广茂达能力风暴系列机器人是由上海广茂达电子信息有限公司生产。硬件结构以整体式为基础，可扩展外围模块。基本结构中，配有红外、光敏、微动开关等传感器，配有直流电机驱动的轮式行走机构、扬声器等输出部件，可以外扩风扇、超声波传感器等部件。编程环境用VJC，支持可视化流程图编程和C语言编程，支持直接下载。该公司网址是：http://www.grandar.com。

美国VEX系列机器人属于插件式结构，配有各种各样的功能器件和连接件，能搭接成各种类型的机器人，满足中高级机器人爱好者的需要。它可采用流程图式编程和C语言编程。该公司网址是：http://www.vexrobotics.com。

乐高机器人原产于美国，后来流传于世界。国内外的许多机器人比赛都指定要使用乐高机器人。很多机器人爱好者对它比较熟悉。乐高机器人套件采用模块化结构，控制器、传感器、执行器、机械结构等部分各成模块，而且模块的种类较多。用这些套件可以制作成各种机器人。机器人编程可以采用流程图编程，也可以采用C语言编程。乐高机器人在国内的代理机构是西觅亚公司，其网址是：http://www.semia.com。

## ROBOLAB常用图标解析

| 图标 | 功能 | 范例 | 解释 |
|---|---|---|---|
| | 程序开始与结束 | | B 马达转动2秒后停止 |
| | 打开马达 | | A 马达转动1秒后停止 |
| | 关闭端口 | | |
| | 表示时间 | | B 马达转动2秒后停止 |
| | 等待指定时间（秒） | | A 灯打开，0.5秒后关闭 |
| | 等待指定时间（0.01秒） | | A 灯打开，0.1秒后关闭 |

## 线条颜色

| 颜 色 | 说 明 | 范 例 |
|---|---|---|
| 粗紫色 | 程序流程 | |
| 绿色 | 指定输入/输出端口/计时器 | 输出端口　输入端口　计时器 |
| 蓝色 | 整数值/马达能量/容器的值 | 整数值　马达能量　容器的值 |
| 橙色 | 带小数的数值 | 23.5 |
| 细紫色 | 字符串 | 10.10.10.1 |
| 黑白相间 | 错误连线 | |
| 深红色 | 容器/音符设定 | 音符设定　容器 |

# 四、进退自如的机器人
## ——实现倒车入库

通过前几章的实验，我们体会了通过仔细调试程序，可以精确控制机器人小车的航行距离和转弯角度。理论上来说只要连接这些程序，机器人小车就可以完成复杂的航行路线。机器人小车的倒车入库实验要求小车精确完成前进、转弯、后退三个行驶过程。在实验中，我们要学习一种分段编程调试的方法，这个方法是针对小车航行路线中有多个需要精确控制的实验情况。

* 用时间控制程序实现机器人小车的倒车入库实验。
* 体会时间变量与机器人小车航行状态的关系。

**学习目标**

◆ 试一试：当两个马达在不同运转状态下，机器人小车会有哪些航行状态？

◆ 想一想：机器人小车做倒车入库航行时的合理路线，它包括哪些航行过程？

热身准备

## （一）齿轮传动实验

齿轮传动是机械传动中最重要的传动形式，其应用范围十分广泛，型式多样。齿轮传动的主要特点传动效率高、传动比较稳定、结构紧凑、工作可靠，寿命长。齿轮的制造及安装精度要求高，价格较贵。

图4.1 各种齿轮

图4.1是乐高材料的齿轮。

齿轮传动小实验：按图4.2装配，试一试小齿轮轴转几圈，大齿轮轴正好转一圈。数一数小齿轮有几个齿，再推理判断出大齿轮有几个齿。大小齿轮轴的转动速度的倍数和齿的数量的倍数正好相等，这个倍数称为齿轮的传动比。

现在按图4.3组装，大小齿轮之间加了中齿轮，试一试大小齿轮的传动比是否改变，通过实验知道，中间无论放什么齿轮，都不改变两边齿轮的传动比，但改变了旋转方向。齿轮不光有改变转速的作用，还有改变旋转方向和改变转动力矩的作用。

图 4.2　齿轮传动实验　　　　图4.3　过度齿轮不改变传动比

## （二）实验小车和车库组装

图4.4~4.15显示了实验小车组装顺序，这是9786套材配套的教材中介绍的第二种基本车型，但是小车的前轮形式作了改动，用皮带轮作前轮，代替了原来的纽扣型万向轮。实验小车装有减速齿轮，这样的齿轮搭配已在前面实验过。

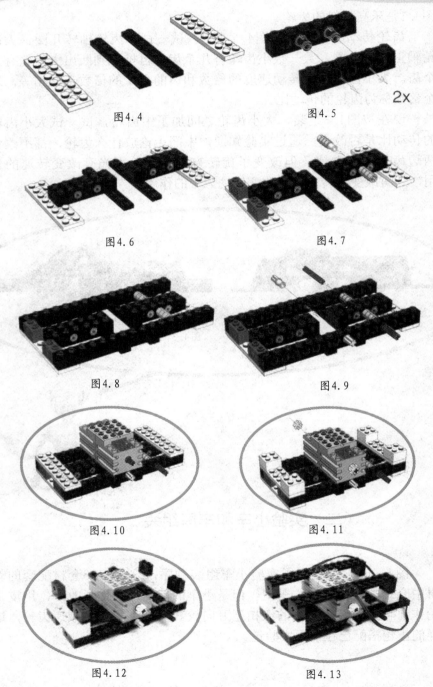

图4.4

图4.5

2x

图4.6

图4.7

图4.8

图4.9

图4.10

图4.11

图4.12

图4.13

图4.14

图4.15

**模拟车库组装方法**：先用两根16个点的梁和两根12点的梁围成框架，如图4.16。接着在两个拐角处和腾空的梁下方各放一根4个点的梁，如图4.17。最后在两个拐角结合处各加一块2乘8的板，以增加牢度，如图4.18。

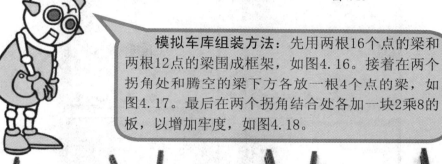

图4.16　模拟车库组装一　　图4.17　模拟车库组装二　　图4.18　模拟车库组装三

## （三）分析马达运转情况与机器人小车航行状态对应关系

机器人的动力马达经常使用三种运转状态，分别是正向旋转（简称正转）、反向旋转（简称倒转）、短路刹车状态（简称停止）。两个马达组合起来的机器人小车会有几种航行状态呢？（思考一下，完成下表）。小车的其他航行状态会在以后讲解。

**马达运转状况与机器人小车航行状态表**

|  | A马达正转 | A马达倒转 | A马达停止 |
|---|---|---|---|
| C马达正转 |  |  |  |
| C马达倒转 |  |  |  |
| C马达停止 |  |  |  |

# （四）倒车入库实验及调试方法

实验开始时，机器人小车和车库分别放在实验台宽度和长度的中间。实验要求是机器人小车从左方进入到车库前方，作原地转弯后使车尾正对着车库，然后倒退进入车库。图4.19是倒车入库实验小车每个航行过程开始和终止时的照片。

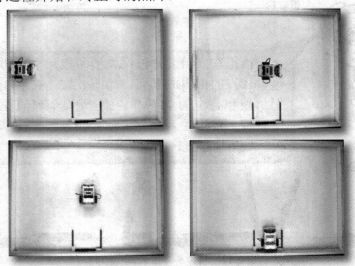

图4.19　倒车入库航行过程

这个实验小车需要完成三个精确控制的航行过程，相应在控制程序中就有三个时间变量需要在实验中反复调整。初次调试有三个变量的程序，最好采用分段编程，逐步调试的方法，即先只编写第一个航行动作的程序，如图4.20。然后实验调试，当小车正好航行到图4.19中第二幅图的位置停下后，再加入第二段程序，如图4.21。继续调试完成后，再加入第三段程序，如图4.22。如果直接使用图4.22的范例程序来调试，由于机器人小车的连贯运行，造成实验情况观察困难，进而难于判断需要修改哪个变量或应该修改多少，反而会增加调试时间。

对于调试内容较多、程序较长的实验，分段编程和调试是一种有序、高效的方法。

图4.20　第一个航行过程程序

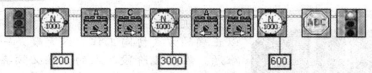

图4.21　第一和第二航行过程程序

图4.22　范例程序

## 拓展与挑战

在图4.19实验完成后，还可以尝试不同路线的倒车入库实验。如小车从右面进入，也可以让小车的出发位置改到车库的正前方等，小车航行时的转弯动作也可以采用上面表格中的其他转弯方法。为了检验你的实验调试能力，可以对完成某种倒车入库作实验次数统计。请把你编写的倒车入库实验成功的程序记录于下方。

## 机器人的"脚"

阅读材料

机器臂的制造和编程难度相对较低，因为它们只在一个有限的区域内工作。如果您要把机器人送到广阔的外部世界，事情就变得有些复杂了。

首要的难题是为机器人提供一个可行的运动系统。如果机器人只需要在平地上移动，轮子或轨道往往是最好的选择。如果轮子和轨道足够宽，它们还适用于较为崎岖的地形。但是机器人的设计者往往希望使用腿状结构，因为它们的适应性更强。制造有腿的机器人还有助于使研究人员了解自然运动学的知识，这在生物研究领域是有益的实践。

机器人的腿通常是在液压或气动活塞的驱动下前后移动的。各个活塞连接在不同的腿部部件上，就像不同骨骼上

NASA的FIDO漫游者专用于火星探索

富士通公司的HOAP-1机器人

附着的肌肉。若要使所有这些活塞都能以正确的方式协同工作，这无疑是一个难题。在婴儿阶段，人的大脑必须弄清哪些肌肉需要同时收缩才能使得在直立行走时不致摔倒。同理，机器人的设计师必须弄清与行走有关的正确活塞运动组合，并将这一信息编入机器人的计算机中。许多移动型机器人都有一个内置平衡系统（如一组陀螺仪），该系统会告诉计算机何时需要校正机器人的动作。

两足行走的运动方式本身是不稳定的，因此在机器人的制造中实现难度极大。为了设计出行走更稳的机器人，设计师们常会将眼光投向动物界，尤其是昆虫。昆虫有六条腿，它们往往具有超凡的平衡能力，对许多不同的地形都能适应自如。

某些移动型机器人是远程控制的，人类可以指挥它们在特定的时间从事特定的工作。遥控装置可以使用连接线、无线电或红外信号与机器人通信。远程机器人常被称为傀儡机器人，它们在探索充满危险或人类无法进入的环境（如深海或火山内部）时非常有用。有些机器人只是部分受到遥控。例如，操作人员可能会指示机器人到达某个特定的地点，但不会为它指引路线，而是任由它找到自己的路。自动机器人可以自主行

NASA的蛙形机器人可以利用弹簧、联动装置和马达到处跳来跳去

动，无需依赖于任何控制人员。其基本原理是对机器人进行编程，使之能以某种方式对外界刺激做出反应。极其简单的碰撞反应机器人可以很好地诠释这一原理。

这种机器人有一个用来检查障碍物的碰撞传感器。当启动机器人后，它大体沿一条直线曲折行进。当它碰到障碍物时，冲击力会作用在它的碰撞传感器上。每次发生碰撞时，机器人的程序会指示它后退，再向右转，然后继续前进，只要遇到障碍物就会改变它的方向。

Urbie自动机器人专门用来完成各种城市作业，包括军事侦察和援救行动

## 两个马达组合起来的小车的航行状态

在编程控制里，一个马达可以有三种状态：正转、倒转、强制不转；那么，两个马达组合起来的小车的航行状态主要有以下几种：

| | A马达正转 | A马达倒转 | A马达不转 |
|---|---|---|---|
| C马达正转 | 直线前进 | 原地左转 | 前进左转 |
| C马达倒转 | 原地右转 | 直线倒退 | 后退右转 |
| C马达不转 | 前进右转 | 后退左转 | 停　止 |

## 新型机器人会28种表情

美国科学家最近研制出会微笑、嗤笑的机器人，据发明者介绍，这个机器人的面部表情可达28种。这名"女"机器人名叫"K－bot"，她可以做出28种不同的面部表情，其中包括微笑、嗤笑、皱眉、弯眉等表情。她的眼中安装有摄像机，这样对于任何人都可以做出人的反应。

这个机器人的面部是由导电的聚合物制成的24块人造肌肉构成，这样机器人就可以做出面部表情。该机器人的制造者德克萨斯大学的大卫·汉森介绍，以前制造的机器人"安蒂"只能做出4个面部表情。"这可是一张真正的'人脸'！"汉森说。

整个机器人重2千克，由一张脸、肌肉和一个发动装置组成。这个机器人售价为400美元，但是汉森认为如果可以大批量生产的话，价格可能更便宜。汉森认为K－bot对于那些研究人工智能的科学家非常有用，"研制K－bot机器人的目的就是为了测试人工智能对人做出反应的灵敏程度。"

然而专门研究机器人和人双向交流工作的麻省理工学院媒体实验室研究员森赛亚·布里奇认为，现在制造出像电影《星球大战》中的机器人那样还不太现实。"研制科幻小说中的机器人实在太难了，因为科幻小说为机器人提出的标准大多太高。"布里奇说。

——选自《生活时报》

# 五、朝气蓬勃的机器人
## ——实现圆形路线航行

当机器人小车两个马达都正转，但用不一样的转速，小车会怎样行驶呢？理论上来说，小车将进入圆弧航行路线，实际实验时行驶路线却近似直线，甚至一个马达全功率正转，另一个马达不供电的开路状态（即用黄色图标），小车也是近似直线行驶。原因是小车车轮都处于直线航行状态，这种情况下小车直线前进摩擦阻力较小，开路状态的马达被另一个马达带着一起前进了。如果要依靠两个马达不同转速来实现小车航行圆弧路线，小车的前轮需要换成类似超市购物手推车用的万向轮，或者用套材中的纽扣型万向轮。相对万向轮，以前实验中使用的前轮可以称为定向轮。

* 知道定向轮与万向轮的区别及特点。
* 能熟练组装万向轮。
* 让机器人小车实现圆形路线航行。

◆ 找一找：生活中哪些场合使用的是万向轮？

◆ 想一想：小车左右马达的功率差对圆弧航行的影响情况。

## （一）介绍联轴器

顾名思义，联轴器作用就是连接轴，图5.1是9786套材中的几种联轴器，当轴的长度不够时，可以利用图中左边的联轴器接长轴，另外三个联轴器都是把轴连接成互相垂直的状态。

图5.1　联轴器

图5.2是一种万向联轴器，一般载重车的前置发动机都依靠一根长轴把动力传到后面的主动轮上，这根长轴的两端都装有这种万向联轴器。当两根轴的中性线不在一条直线上，且需要连接时，就可以使用万向联轴器来联接，如图5.3。

图5.2　万向联轴器

图5.3　中心线不在一条直线上两根轴的连接

## （二）万向轮安装

机器人小车的组装方案与第三章基本相同，前车轮改用万向轮，这种万向轮与超市手推车的车轮有点像。图5.4介绍了万向轮和小车的装配方法及过程。

图5.4　万向轮装配步骤

# （三）编写小车作圆形路线航行的程序

　　理想的实验是机器人小车完成一个圆形的航行路线，图5.5的程序在理论上可以完成实验。如果你做过较多的小车实验，经验会告诉你，这样的程序用在定

图5.5　理想程序

向轮作前轮的小车上基本上是直线航行，但前轮改了万向轮以后效果如何呢？实验时小车行驶的路线会如图5.6的渐开线，原因是小车行驶时有一个从停止到正常航行速度的加速过程，这个过程会使小车的

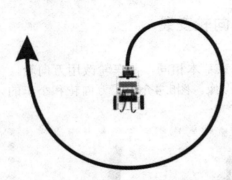

图5.6　理想程序的航行路线

弯半径也跟着从小逐步加大。如果场地足够大，程序中的时间变量设得足够大，最后也能走出稳定的圆形路线，但直径可能会比较大。

　　那要小车走出适合实验台内航行，直径在50厘米左右，且稳定的一个圆形路线，应该怎样编写程序呢？可以把程序分成几段，小车起步时速度慢，容易转弯，所以两个马达的速度差可以小一点，随着速度增加，转弯半径会变大，那马达的速度差就应该增加一些。最后为了减小航行路线的直径，内侧马达停止供电，用黄色程序图标，并维持较长时间。图5.7的范例程序就是按这个思路编写的。由于很多原因会影响小车的行驶，要完成一个标准的圆形航行路线难度极大。在下一章中会介绍能稳定航行圆形路线的方法。

图5.7　圆形路线

## （四）实验调试方法

如果在有围边的实验台内进行实验，则对小车起步时的摆放位置和方向有极高要求，可以参考图5.8，小车应该放在设想的圆形路线上，方向与航行路线吻合。小车出发时万向轮的初始方向也应与航行方向一致，否则会造成航行时的不确定性。

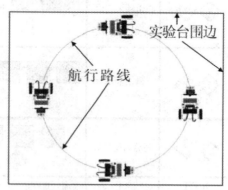

图5.8 圆形路线航行时起步位置

由于小车装配时零件的松紧差异、电池电量的多少、场地的光滑程度及出发时万向轮的方向等都会对实验时小车行驶路线产生影响，所以要完成标准的圆形路线航行，难度极高。难度降低的办法是，在地上画个记号，要求小车航行一圈后回到记号处就算完成任务，而不再追求航行路线的圆形正确度了。

前几章的实验调试都是修改时间变量，这次是通过修改马达的功率来调整圆形路线，也应该采用分段编程和调试的方法。调试最后一段的时间变量，使小车在差不多完成一个圆圈时停下。

### 拓展与挑战

请将你完成的圆形路线航行程序记录在下方空白处。

另外，如果你能实现圆形路线航行任务的编程，那么你可以再挑战一下S型路线的航行，试试看，你是否能完成这项挑战！

# 变量图标

| | | | |
|---|---|---|---|
| ◆-A-◆-C-◆ | 指定输出端口 |  | A马达打开1秒后关闭。 |
| ◆-1-◆-3-◆ | 指定输入端口 | | 打开A马达,等待3端口触感被按下后关闭A马达。 |
| ◆-1-◆-3-◆ | 端口的值 | | 等待触感被按下后在RCX屏幕上显示端口1的值。 |
| ◆-1-◆-5-◆ | 马达的能量级 | | 马达A以能量级别3转动4秒后停止。 |
| 123 | 常量 | 前面一直在使用,很常用的一个图标。 | |

# 功能各异的机器人

**阅读材料**

### 1.无人驾驶飞机

简称"无人机",即利用无线电遥控设备和自备的程序控制装置操纵的不载人飞机。机上无驾驶舱,但安装有自动驾驶仪、程序控制装置等设备。地面、舰艇上或母机遥控站人员通过雷达等设备,对其进行跟踪、定位、遥控、遥测和数字传输。可在

无人机

无线电遥控下像普通飞机一样起飞或用助推火箭发射升空,也可由母机带到空中投放飞行。广泛用于空中侦察、监视、通信、反潜、电子干扰等。

焊接机器人

### 2.焊接机器人

焊接机器人是从事焊接(包括切割与喷涂)的工业机器人。根据国际标准化组织(ISO)工业机器人术语标准焊接机器人的

定义，工业机器人是一种多用途的、可重复编程的自动控制操作机，具有三个或更多可编程的轴，用于工业自动化领域。为了适应不同的用途，机器人最后一个轴的机械接口，通常是一个连接法兰，可接装不同工具或称末端执行器。焊接机器人就是在工业机器人的末轴法兰装上接焊钳或焊（割）枪，使之能进行焊接，切割或热喷涂。

3. 机器人吸尘器

2003年，三星公司推出一款三星代号为VC-RP30W的机器人吸尘器。VC-RP30W 主要依靠3D地图技术来进行定位，并能灵巧地躲避障碍物，能够快速、高效地对房间每个角落进行吸尘；当遇到障碍物或者死角等情况，会自动转向继续工作；其强大的智能判断系统使得它能轻易地分辨出垃圾与其他日常生活用品，同时允许用户定义工作时间及清扫区域；用户还可以通过计算机查看安装在机器人前部摄像头内的信息，对其进行远程遥控；整个机器人的电池能维持50分钟的连续工作，当电量即将耗尽时它可自动回到充电座补充能源。

机器人吸尘器VC-RP30W

4. 电动智能轮椅

德国研究人员发明了一种电动智能轮椅，瘫痪病患者动动手、嘴甚至眉毛，它就能四处自由活动。轮椅上带着一个活动板，板子上面安着一台手提电脑、一台小摄像机。患者只要做出一定的面部动作就可以控制轮椅前行后退了。这种轮椅不但能帮助普通的瘫痪病患者，而且对那些颈椎以下都不能动弹的重症瘫痪病患者帮助更大。

电动智能轮椅

5. 乐高"课堂机器人"

乐高"课堂机器人"是一种优秀的科技教育产品，它将模型搭建和计算机编程有效地结合在一起，使孩子们能够设计自己的机器人，在计算机上编写程序，然后通过与计算机相连的红外发射器将程序下载到机器人的大脑，RCX微型电脑中，启动RCX的开关，机器人就可以完全脱离计算机，按下载程序的指令独立运动起来。

乐高"课堂机器人"

6. 美女机器人HRP-4C

机器人"HRP-4C"全身共有30个马达来控制肢体移动，"她"能做出喜、怒、哀、乐和惊讶的表情，还能够缓慢行走，眨眼睛，轻柔地说"大家好"，有时"她"还能献上美妙的歌声。

7. 机器人护士Ri-Man

机器人护士"Ri-Man"是一款医院原型搬运工，由日本名古屋RIKEN生物模仿控制研究中心所研制。它身高为158厘米，重100公斤，装备了5个天线传感器和19个传动装置，以确保身体平衡并完成病人的搬运护理任务。

"Ri-Man"机器人护士

8. 施肥机器人

施肥机器人可从不同土壤的实际情况出发，适量施肥，从而合理地减少施肥总量，降低农业成本。

"旅居者号"（Sojourner）火星车

9. "旅居者号"火星车

"旅居者号"Sojourner是一辆自主移动车，重量为11.5kg，尺寸630mm×48mm，六轮驱动，四角轮转向，有良好的全地形适应能力、抓地能力和越障能力，能在较为崎岖路面行驶。"旅居者号"能十分灵活地转向，平面转向半径较小，能较好地规避障碍。它在火星上的成功应用，引起了全球的广泛关注。

10. 机器人摄影师FreeHand

外科医生可以用脚来操作"FreeHand"仪器，这种腹腔镜摄像机通常在进行微创手术时使用（亦称"锁孔手术"）。

机器人摄影师FreeHand

11. CR-01水下机器人

CR-01是一套能按预订航线航行的无人无缆水下机器人系统，可在6000米水下进行摄像、拍照、海底地势与剖面测量、海底沉物目标搜索和观察、水文物理测量和海底多金属结核丰度测量，并能自动记录各种数据及其相应的坐标位置。

# 六、坚持不懈的机器人
## ——用循环程序完成圆形路线航行

除了依靠马达的转速差加上万向轮来实现小车的圆形路线航行外，还有一种实验方法值得试一下。在几何学中，为了研究圆的特性，往往用正多边形来替代圆，当多边形的边数足够多时，多边形就接近圆了。让机器人小车行驶多边形路线的程序听起来很复杂，其实很简单，利用循环程序可以较容易的让小车实现多边形路线行驶，即近似圆形路线，而且要比马达转速差加上万向轮走出的圆形路线更圆更稳定。

* 了解小车转弯时被动定向轮的运动情况。
* 会运用循环程序让机器人小车完成圆形路线航行。

**学习目标**

◆ 试一试：在被动轮中，定向轮与万向轮各适应哪些航行情况？
◆ 想一想：研究圆周率时，常把圆近似分解成什么图形？

**热身准备**

## （一）认识车轮

车辆的车轮可分为主动轮与被动轮（也称为从动轮）。普通车辆两种车轮的外形基本一样，但机器人小车的主动轮和被动轮一般都有较大差别，主动轮需要有较强的抓地力，所以车轮外缘都装有摩擦力很强的橡胶轮胎。被动轮分为两种，定向轮和万向轮。定向轮在小车作原地转弯时，几乎不旋转，只是作横向滑动。在物理学中能学到，滑动摩擦力大约是滚动摩擦力的20倍。所以被动定向轮绝对不能装橡胶外缘，否则小车的转弯会极其困难。万向轮装与不装橡胶外缘都可以，乐高有个圆弧面万向轮零件，初看像纽扣，简单实用。定向轮的直线航行性能较好，而万向轮在转弯航行时性能优越。图6.1是乐高零件中的各种车轮。其中左下方2个轮既是皮带轮，也可作被动车轮。

机器人小车上还使用一种特殊车轮，在车轮边缘装有很多小滚轮，使得车轮向任意方向运动都处于滚动运动状态，称为全向轮。在机器人小车上安装三至四个这种车轮，配合适当的控制技术，就具有不旋转车身即可向任意方向前进的功能。全向轮的外形如图6.2。

图6.1 各种车轮及可作被动车轮用的皮带轮　　　　图6.2 全向轮

## （二）实验小车的组装

用循环程序控制小车航行圆形路线的实验，对小车的组装没什么特别要求。除了第二章的小车外，前面其他几章的实验小车，都可以用作本章的实验。当然组装方案不同的小车，需要不同的程序，才能完成相同的任务。程序的差别主要在时间变量上，下面主要以第三章的实验小车为范例。

## （三）航行多边形路线的程序编写

让机器人小车航行近似圆形的多边形路线，说起来有点复杂，了解了编程方法并不难。原理是让小车前进一小段距离，再转少量的角度，然后不断重复这两个航行过程，就能行驶出一条多边形路线了。图6.3中的大圆形实际是一个60条边的多边形，右上角是局部放大图，仔细看这条粗线，能看到几个折点。

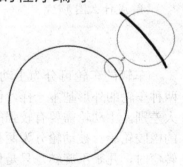

图6.3 多边形近似圆形

小车前进一小段距离加转少量角度的程序，不难编写，不断重复的难题就用循环程序来解决，图6.4是ROBOLAB软件的循环程序图标，两个图标配套使用，前面的

图6.4 循环程序图标

图标称为循环开始，后面的图标称为循环结束。这是有限次数循环，循环开始图标右下角连接的数字变量，确定了循环次数。ROBOLAB软件的循环次数上限是32767次。

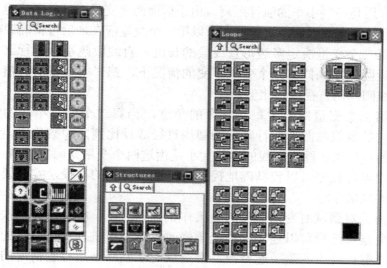

图6.5　循环程序图标的位置

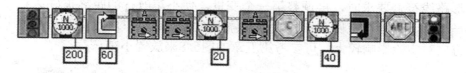

图6.6　范例程序

图6.5提示了循环程序图标的位置。除了有限次数循环外，左边还有很多条件循环开始图标，都可以与循环结束图标配套使用，每个图标的左下角有个小于或大于的数学符号，这就是循环条件，符合条件就保持循环，不符合条件就退出循环。

图6.6是用循环程序控制小车完成圆形路线航行实验的范例程序。在循环开始与循环结束之间的程序称为循环体，按这章实验的要求，循环体让小车执行前进一小段距离后转少量角度。

有限次数循环程序的逻辑原理如下，循环程序的内部好像有个计数器，每运行一次程序的循环体，计数器加1，当计数器内的数字等于循环变量时，就不再循环，并运行后面的内容。

## （四）实验调试步骤

从图6.6的程序中看出，需要调试的变量有3个，第一个是循环次数，作用是控制小车的航行距离，由于后面两个变量对航行距离也有影响，且对圆形路线起决定作用，所以第一个变量应在最后再精确调整。

第二个变量决定多边形直线段的长度，直线段越小，航行路线就越接近圆，在保持第三个变量不变的情况下，第二个变量的数值与航行路线圆周的直径成正比例。

第三个变量决定了每次转弯的角度，当第二个变量不变的情况下，它的数值与圆形航行路线的圆周直径成反比例。即数值小，圆形路线的直径大。圆形路线的直径大小是由这两个变量共同决定的。

用循环程序可以较精确地控制小车圆形路线的直径，实验要求直径为50厘米左右。

为了对调试时变量修改的效果作正确判断，一般每次只修改其中一个变量，这样可以建立每个变量修改量与小车航行变化情况的对应关系。假如几个变量一起修改，会造成无法判断小车行驶情况的变化是由哪个变量修改所产生的作用。当后两个变量调试到小车行驶的圆形路线符合要求时，再调整第一个变量，使小车航行的距离正好达到一个圆，即小车在回到出发时位置停下。实验时小车出发位置和放置方向对实验影响较大，可参考第五章的图5.8来放置小车。

### 拓展与挑战

完成范例程序的实验后，可以再用第四课中的小车来做实验。你可能对这辆小车的航行速度很不满意，因为它使用了1：5传动比的减速齿轮，图6.7和6.8中的小车，使用传动比较小的齿轮搭配，航行速度加快了，但需要增加几个齿轮。图6.7小车的传动比为3：5，即马达转5圈，车轮转3圈。图6.8小车的传动比请你通过实验确定。另外第五章的小车也可以用来完成本章的实验。所有这些拓展的实验调试成功后，请将程序中的变量值记录下来，并对这些数值作分析对比及寻找原因。

图6.7

图6.8

# 分门别类机器人

**阅读材料**

机器人的应用领域十分广泛。不过，这些领域也并非截然分开的，它们之间存在相当大的重叠。这些应用范围包括工业生产、海空探索、康复和军事等。此外，机器人已逐渐在医院、家庭和一些服务行业获得应用。

关于机器人如何分类，国际上没有制定统一的标准。如果从机器人的应用领域来分，机器人可以总分为两大类，其下又包括多个分支。

一、军用机器人

◆ 地面军用机器人

地面军用机器人主要是指智能或遥控的轮式和履带式车辆。地面军用机器人又可分为自主车辆和半自主车辆。自主车辆依靠自身的智能自主导航，躲避障碍物，独立完成各种战斗任务；半自主车辆可在人的监视下自主行使，在遇到困难时操作人员可以进行遥控干预。

◆ 无人机

被称为空中机器人的无人机是军用机器人中发展最快的，从1913年第一台自动驾驶仪问世以来，无人机的基本类型已达到300多种，目前在世界市场上销售的无人机有40多种。美国几乎参加了世界上所有重要的战争。由于它的科学技术先进，国力较强，因而80多年来，世界无人机的发展基本上是以美国为主线向前推进的。美国是研究无人机最早的国家之一，今天无论从技术水平还是无人机的种类和数量来看，美国均居世界首位。

◆ 水下机器人

水下机器人分为有人机器人和无人机器人两大类：有人潜水器机动灵活，便于处理复杂的问题，担任的生命可能会有危险，而且价格昂贵。无人潜水器就是人们所说的水下机器人，"科夫"就是其中的一种。它适于长时间、大范围的考察任务，近20年来，水下机器人有了很大的发展，它们既可军用又可民用。

◆ 空间机器人

空间机器人是一种低价位的轻型遥控机器人，可在行星的大气环境中导航及飞行。为此，它必须克服许多困难，例如它要能在一个不断变化的三维环境中运动并自主导航；几乎不能够停留；必须能实时确定它在空间的位置及状态；要能对它的垂直运动进行控制；要为它的星际飞行预测及规划路径。

二、民用机器人

◆ 工业机器人

工业机器人是指在工业中应用的一种能进行自动控制的、可重复编

程的、多功能的、多自由度的、多用途的操作机，能搬运材料、工件或操持工具，用以完成各种作业。且这种操作机可以固定在一个地方，也可以在往复运动的小车上。

◆ 娱乐机器人

娱乐机器人以供人观赏、娱乐为目的，具有机器人的外部特征，可以像人，像某种动物，像童话或科幻小说中的人物等。同时具有机器人的功能，可以行走或完成动作，可以有语言能力，会唱歌，有一定的感知能力。

◆ 类人机器人

从其他类别的机器人可以看出，大多数的机器人并不像人，有的甚至没有一点人的模样，这一点使很多机器人爱好者大失所望。也许你会问，为什么科学家不研制类人机器人？这样的机器人会更容易让人接受。其实，研制出外观和功能与人一样的机器人是科学家们梦寐以求的愿望，也是他们不懈追求的目标。然而，研制出性能优异的类人机器人，其最大的难关就是双足直立行走。

◆ 农业机器人

由于机械化、自动化程度比较落后，"面朝黄土背朝天，一年四季不得闲"成了我国农民的象征。但近年农业机器人的问世，有望改变传统的劳动方式。在农业机器人的方面，目前日本居于世界各国之首。

◆ 服务机器人

服务机器人是机器人家族中的一个年轻成员，到目前为止尚没有一个严格的定义，不同国家对服务机器人的认识也有一定差异。服务机器人的应用范围很广，主要从事维护、保养、修理、运输、清洗、保安、救援、监护等工作。德国生产技术与自动化研究所所长施拉夫特博士给服务机器人下了这样一个定义：服务机器人是一种可自由编程的移动装置，它至少应有三个运动轴，可以部分地或全自动地完成服务工作。这里的服务工作指的不是为工业生产物品而从事的服务活动，而是指为人和单位完成的服务工作。

◆ 教育机器人

教育机器人是由生产厂商专门开发的以激发学生学习兴趣、培养学生综合能力为目标的机器人成品、套装或散件。它除了机器人机体本身之外，还有相应的控制软件和教学课本等。教育机器人分为面向大学的学习型机器人，和面向中小学的比赛型机器人。学习型机器人提供多种编程平台，并能够允许用户自由拆卸和组合，允许用户自行设计某些部件；比赛型机器人一般提供一些标准的器件和程序，只能够进行少量的改动。适用于水平不高的爱好者，参加各种竞赛。

# 七、明辨黑白的机器人
## ——实现遇黑即停

前面六章的实验，机器人都是按照事先编好的时间顺序执行任务，这种形式称为开环控制。如给机器人加上传感器，利用传感器探测到的信息来不断调整机器人的行为，机器人就能实现闭环控制。在闭环控制中，控制信号和传感器信号形成封闭环路，即形成以下的信号流：机器人控制器发出任务命令→机器人执行任务→传感器探测任务执行情况→把探测到的信息传给控制器→控制器把收到的信息与任务目标作分析比较→再发出控制命令。这样的闭环控制使机器人完成任务的正确度大大提高。

传感器是机器人的感觉器官，就像人的五官那样能感知周围情况，机器人的传感器种类很多，光传感器、声传感器、力传感器、方向传感器、温度传感器、湿度传感器、位移传感器、流量传感器、液位传感器、加速度传感器等。光传感器相当于机器人的"眼睛"，是教学机器人使用较多的一种传感器。

* 学会在机器人实验中使用光传感器。
* 能编程让机器人小车遇黑线即停。

◆ 想一想：机器人需要通过什么构件感知环境变化呢？
◆ 查一查：机器人传感器的种类及其功能。

## （一）光传感器的原理及使用

图7.1是乐高机器人的光传感器，简称光感或光探。这是一种自带发光元件的光感，在探测端有一个发光二极管和一个探测光线强度的光敏二极管。当被探测物体与光传感器距离较近时，光传感器主要是探测物体反射光，距离较远时，环境光也会被探测到。机器人小车实验时大部分是探测物体的反射光。在向下探测时环境光对光感的干扰很少，而

在光感水平安装时，环境光会有很大干扰，必须关灯和拉窗帘，才能正常使用。

光传感器连接在控制器RCX的输入端上，即编号为"1、2、3"的端口上。打开电源，光传感器会发光，如图7.2。如果没有发光，则按下列步骤操作，先把包含有光传感器内容的程序下载到RCX中，然后按一下启动按钮"RUN"，正常情况下，光传感器的灯就亮了。

当光感接在"1"端口上，打开电源，按一次黑色（VIEW）键，在端口1下方的显示屏上会出现箭头，如图7.3，同时液晶屏人形图案的左边会显示一个两位数，这是光传感器探测到的光线强度的读数。称为探测值，在以后的实验中探测值经常被用到。

现在做个光感探测小实验，把光传感器对着各种颜色探测一下，重点是黑白两色，会发现颜色淡时读数较大，颜色深时读数就小。

图7.1 光传感器

图7.2 光感有发光元件

图7.3 光感检测状态

想一想

同学们，光感测试小实验很有趣吧？

再试着对着同一地方，逐步增加距离，请你根据探测到的情况，完成下面填空，探测距离近，数值较_____，探测距离远，数值较_____。

## （二）在实验小车上加光传感器

本章的实验小车，与第二章使用的小车基本相同，只需添加光传感器就可以了，添加光感的装配过程如图7.4至图7.7。

图7.4

图7.5

图7.6

图7.7

## （三）遇黑即停实验的编程

从这一章开始，机器人小车将依靠光传感器的探测到的信息来控制它的航行，以后实验的控制程序将会用图7.8中红圈内的图标来代替时间控制图标。这两个图标在程序中有什么功能，希望你能从图标中的图案内容来推理。

实验要求是机器人小车看见黑色就停下来，范例程序如图7.9，程序中等待黑色图标下的变量值是这个实验的关键，这个变量的数值如何确定呢？最常用的方法是在实验台面的白色和黑色线条上各测量一次光感读数，取两个数的平均值作为光感的变量值。对机器人来说这是黑白分界值，在以后的实验中，光感读到的数值比它大，就认为看到的是白色，反之就是看到黑色。

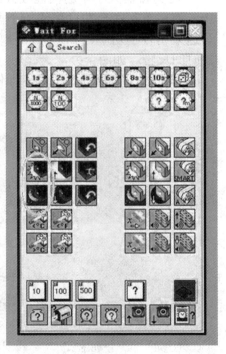

图7.8　光感图标

图7.9　范例程序

## （四）解决实验中的问题也是调试

遇黑即停的实验任务较简单。但第一次使用光传感器，会碰到许多意想不到的问题，解决这些问题，也是本章实验调试的内容。

首先会碰到电源打开，光感不亮；第二个问题是怎样读取黑白两色的探测值；第三个是范例程序中光感图标下的变量值如何确定，实验时这个变量值需要你探测后再计算确定，不要简单照抄范例程序。以上几个问题，前面已有叙述，希望你能在实验中解决这些问题。

因为机器人小车的惯性较大，虽然控制程序是看见黑色后马上停止，而小车往往会冲过黑线一小段距离，有两种办法来克服，第一是马达采用较小功率，如1号或2号功率。第二是光感看到黑色后马达作短时间反转。如两个办法一起用，效果会更好。

请将包含克服惯性的遇黑即停实验成功的程序记录在下方：

实验成功的程序

## 拓展与挑战

1．让机器人小车在黑色上行使，然后遇白色即停。

2．请为机器人小车设计一个（或以前做过的）航行路线，在光感看见黑色后就进入你设计的航行路线。

3．机器人小车的感觉器官是什么？就是传感器。有人说它是机器人和现实世界之间的纽带，你同意这种看法吗？

## 光传感器的读数及其图标

**阅读材料**

光传感器在浅色桌面的读数高，而在黑色桌面的读数低。原因是浅色容易反射的光多，深色尤其是黑色不容易反光。

从白色区域到黑线的光值会变小，编程时光电传感器图标符号选小于号。如果需要从黑色的场地到白色停，符号要选择大于号。

| | | | |
|---|---|---|---|
| | 等待光感大于某一数值 | | A灯打开，光感值大于40后关闭A灯 |
| | 等待光感小于某一数值 | | A灯打开，光感值小于40后关闭A灯 |

## 惯　性

物理学上，惯性即物体所要保持原有的运动或静止状态的趋势：即原来静止的物体会倾向于保持静止状态，原来运动的物体会努力保持运动的状态、速度及方向，这是所有物体的共性。但是我们看到，外界改变其原状态需要的条件不同，这主要取决于物体的质量（物质的量）。有一种现象可以很好地说明物体质量对其惯性的影响。大家都有在商场购物的经历：购物车。购物车空着时，稍用些力，我们就很容易推动它或使它停下来，或改变其前进的方向。随着里面放的货物越来越多，改变它的状态需要费的力气就会变大。这是什么原因呢？原来，物体质量增加，其惯性也随着增加了。同样，你的机器人质量越大，加速或制动时需要马达提供的力量就越大。

# 古今漫话机器人

**阅读材料**

◇ 1920年，捷克斯洛伐克作家卡雷尔·恰佩克在他的科幻小说《罗萨姆的机器人万能公司》中，创造出"机器人"这个词。

卡雷尔·恰佩克

◇ 1942年，美国科幻巨匠阿西莫夫提出"机器人三定律"：1.机器人不得伤害人类；2.机器人必须服从人类的命令，与第1条违背的命令除外；3.机器人应能保护自己，与第1、2条相抵触者除外。这是给机器人赋予的伦理性纲领。后来一直成为学术界默认的机器人研发守则。

近百年来发展起来的机器人，大致经历了三个时代：

◇ 20世纪60～70年代，随着计算机技术、现代控制技术、传感技术、人工智能技术的发展，机器人得到了迅速发展。这一时期的机器人属于"示教再现"（Teach-in/Playback）型机器人。只具有记忆、存储能力，按相应程序重复作业，但对周围环境基本没有感知与反馈控制能力。这种机器人被称作第一代机器人。

◇ 20世纪60年代中期开始，美国麻省理工学院、斯坦福大学、英国爱丁堡大学等陆续成立了机器人实验室。美国兴起研究第二代带传感器、"有感觉"的机器人，并向人工智能进发。

◇ 随着信息技术和人工智能的进一步发展，第三代机器人即智能机器人也应运而生。它应用人工智能、模糊控制、神经网络等先进控制方法，使机器人具有自主判断和自主决策等初等智能。

◇ 1968年，美国斯坦福研究所公布他们研发成功的机器人Shakey。它带有视觉传感器，能根据人的指令发现并抓取积木，不过控制它的计算机有一个房间那么大。Shakey可以算是世界第一台智能机器人，拉开了第三代机器人研发的序幕。

◇ 1998年，丹麦乐高公司推出机器人（Mind-storms）套件，让机器人制造变得跟搭积木一样，相对简单又能任意拼装，使机器人开始进入中小学科技活动中。

◇ 2006年6月，微软公司推出Microsoft Robotics Studio，机器人模块化、平台统一化的趋势越来越明显，比尔·盖茨预言，家用机器人很快将席卷全球。

# 八、机敏灵活的机器人
## ——实现小车不会撞墙航行

光传感器不仅能探测物体颜色的深浅，也能探测距离。把光传感器水平向前安装在小车的前方，在向前行驶时，随着光传感器与前方物体的距离缩小，得到的反射光不断增强，光传感器的读数会逐渐变大，设定合理的光感变量，机器人小车就能探测到前方的墙或障碍物了，这样再为其设计好接近障碍物后的任务，就是一个不会撞墙的机器人小车实验。

* 理解光传感器探测距离的原理和方法。
* 能完成机器人小车不会撞墙航行实验。

◆ 想一想：距离探测传感器还有哪些用途？
◆ 查一查：现在的轿车大部分都装有一种距离传感器，简称倒车雷达，它的工作原理是什么？

## （一）销的功能

销在机械装配中的作用是定位和固定，核心套装材料的零件中共有4种销，如图8.1。上面两种销较短，用在RCX与梁装配上。下面两个标准长度的销都是用来连接梁，黑色销是紧配合销，可作为梁的刚性连接，用销把梁接长，连接牢度要比利用凸点连接高很多，如图8.2。灰色销插在梁的孔内可以自由转动，在装配活动机械结构时，梁与梁既互相连接，又能相对转动。销在第十二章中有较好的应用。

图8.1　各种销　　　　　　　图8.2　用销连接梁

# （二）实验小车的组装方法

图8.3至8.7介绍了适合本章实验的小车组装方法，这是在第三章介绍的小车基础上，略作改动，并加了向前探测的光感。与第三章的小车装配方法相同的部分这里就不再介绍了。在学习了几种小车组装方法之后，你也可以尝试自己设计机器人小车来完成本章实验。

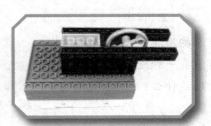

图8.4

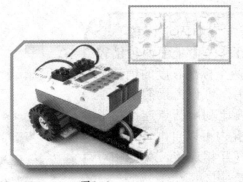

图8.6

图8.3

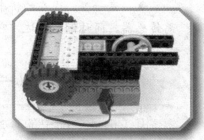

图8.5

图8.7

58

## （三）不会撞墙航行实验要求和编程

我们把机器人前方的物体或实验台的围边等都看做是挡住机器人小车向前运动的围墙，现在试验用光感来探测前方的围墙，随着小车与围墙距离的缩短，光感的读数就会不断增大，由此小车可以探测到围墙，这是本章的实验基础。

不会撞墙的机器人小车实验要求如下：小车从场地中心出发，当逐渐靠近实验台围边并被光感探测到后，前进转为倒退，退到场地中心时作原地转向90度，然后重复前面的航行，小车完成的航行路线如"十"字形。

范例程序如图8.8。从程序图可以看出，循环体的内容分成三

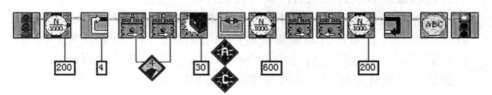

图8.8范例程序

段，与实验中的三个航行过程对应，第二段有个图标 称为马达反向程序，它的功能是程序运行到此图表后，改变连接在图表左下角端口变量对应马达的旋转方向，并保持原来功率。实验的第一个航行过程是由光感控制，后面两个航行过程还是时间控制，像前面几章一样，时间变量需要在航行实验中调整。

## （四）实验调试过程

当光感水平安装时环境光对光感探测的干扰较为明显，所以实验时一定要关灯和拉上窗帘，甚至电脑显示屏的光线也会有影响，在实验时要避免光感正对着显示屏。

实验调试应逐步进行，先不加循环图标，也可以加好循环图标而把变量设为1。先调整光感变量。与前一章探测黑白后取平均值情况不一样，现在是探测距离，光感数值是逐渐变化，只能把某个距离探测值设置为程序中的变量值。如果希望小车行驶到与墙的距离2至3厘

米时停止前进，如把这时的读数作为光感的变量值，因为惯性作用，小车与围墙相撞的可能性较大，要避免相撞，可让小车与围墙的距离增加2至3厘米时的光感探测值作为变量，相撞的可能性就会降低。还可以用减小马达功率的办法来克服惯性。假如小车离墙较远就开始后退，则应加大光感变量的数值，光感变量和马达功率都会对小车前进转后退的位置产生影响，应配合调整。

接着调整后退距离和原地转弯角度，按照这个实验的要求，理想的场地是正方形，专为这个实验做正方形场地 显然不合适，在长方形场地上实验，后退时间没必要作精确调整，原地转弯90度先粗略调试，等加上循环后再作精确调整。小车的前进、倒退、原地转弯三个航行过程都基本达到要求后，就可以执行循环程序了。

把循环变量设为4，再对原地转弯时间变量作精确调试，直到正好转90度为止。为什么原地转弯要在加上循环后再仔细调试呢？因为没加循环时，原地转弯后马达是立即停止，加了循环后，原地转弯与后面的前进是连贯运动，转弯角度会有所不同。

## 拓展与挑战

如果把光感改为向下探测（图8.9），再对程序作少量修改，就能让机器人小车完成在桌面上行驶不会落地的实验。为了克服惯性，可用16个点的梁代替原来12个点的梁，增加了光感与前车轮之间的距离。你能说一下修改程序时最关键是改动哪个图标。请修改程序，并完成该实验，同时请将完成实验的程序记录在下面空白处。

图8.9

# 世界各国机器人发展简述

阅读材料

**美国** 美国是机器人的诞生地，早在1962年就研制出世界上第一台工业机器人。经过30多年的发展，美国现已成为世界上机器人强国之一，基础雄厚，技术先进。

60年代到70年代中期，美国并没有把工业机器人列入重点发展项目，只是在几所大学和少数公司开展了一些研究工作。70年代后期，美国政府在技术路线上仍把重点放在研究机器人软件及军事、宇宙、海洋、核工程等特殊领域的高级机器人的开发上，致使日本的工业机器人后来居上，并在工业生产的应用上及机器人制造业上很快超过了美国，产品在国际市场上形成了较强的竞争力。

进入80年代之后，美国政府和企业界才对机器人真正重视起来，一方面鼓励工业界发展和应用机器人，另一方面制订计划、提高投资，增加机器人的研究经费，把机器人看成美国再次工业化的特征，使美国的机器人迅速发展。

80年代中后期，随着各大厂家应用机器人的技术日臻成熟，第一代机器人的技术性能越来越满足不了实际需要，美国开始生产带有视觉、力觉的第二代机器人，并很快占领了美国60％的机器人市场。

美国的机器人技术在国际上仍一直处于领先地位。具体表现在：1.性能可靠，功能全面，精确度高；2.机器人语言研究发展较快，语言类型多、应用广，水平高居世界之首；3.智能技术发展快，其视觉、触觉等人工智能技术已在航天、汽车工业中广泛应用；4.高智能、高难度的军用机器人、太空机器人等发展迅速，主要用于扫雷、布雷、侦察、站岗及太空探测方面。

**日本** 第二次世界大战后，高速度的经济发展加剧了日本劳动力严重不足的困难。为此，日本在1967年由川崎重工业公司从美国Unimation公司引进机器人及其技术，并于1968年试制出第一台川崎的"尤尼曼特"机器人。

经过短短的十几年，到80年代中期，日本已一跃而为"机器人王国"，其机器人的产量和安装的台数在国际上跃居首位，开始在各个领域内广泛推广使用机器人。

日本政府和企业充分信任机器人，大胆使用机器人。机器人也没有辜负人们的期望，它在解决劳动力不足、提高生产率、改进产品质量和降低生产成本方面，发挥着越来越显著的作用。日本由于制造、使用机器人，增大了国力，获得了巨大的好处，迫使美、英、法等许多国家不得不采取措施，奋起直追。

**德国** 德国工业机器人的总数占世界第三位，仅次于日本和美国。这里所说的德国，主要指的是原联邦德国。它比英国和瑞典引进机器人大约晚了五六年。到了70年代中后期，政府采用行政手段为机器人的推广开辟道路；在"改善劳动条件计划"中规定，对于一些有危险、有毒、有害的工作岗位，必须以机器人来代替普通人的劳动。这个计划为机器人的应用开拓了广泛的市场，并推动了工业机器人技术的发展。德国看到了机器人等先进自动化技术对工业生产的作用，提出了1985年以后要向高级的、带感觉的智能型机器人转移的目标。经过近十年的努力，其智能机器人的研究和应用方面在世界上处于公认的领先地位。

**中国** 有人认为，应用机器人只是为了节省劳动力，而我国劳动力资源丰富，发展机器人不一定符合我国国情。这是一种误解。在我国，社会主义制度的优越性决定了机器人能够充分发挥其长处。它不仅能为我国的经济建设带来高度的生产力和巨大的经济效益，而且将为我国的宇宙开发、海洋开发、核能利用等新兴领域的发展做出卓越的贡献。

我国已在"七五"计划中把机器人列入国家重点科研规划内容，拨巨款在沈阳建立了全国第一个机器人研究示范工程，全面展开了机器人基础理论与基础元器件研究。十几年来，相继研制出示教再现型的搬运、点焊、弧焊、喷漆、装配等门类齐全的工业机器人及水下作业、军用和特种机器人。目前，示教再现型机器人技术已基本成熟，并在工厂中推广应用。我国自行生产的机器人喷漆流水线在长春第一汽车厂及东风汽车厂投入运行。1986年3月开始的国家863高科技发展规划已列入研究、开发智能机器人的内容。

# 九、保家卫国的机器人
## ——实现沿墙航行

光感向小车侧面探测，则能看到机器人小车旁边的物体。如果把旁边物体看做是墙，依靠光感向旁边的探测，可以让机器人小车完成沿墙航行的实验。

* 能根据"沿墙航行"的任务需求合理安装光传感器。
* 能完成机器人小车的"沿墙航行"实验。

◆ 回忆一下：机器人小车实现圆弧路线航行的程序。

◆ 分析一下：机器人小车的沿墙航行路线。

## （一）半轴半销、十字孔梁、直角连接板

图9.1中三个零件依次是半轴半销、十字孔梁和直角连接板。

半轴半销的销是松销，可以作为齿轮和被动车轮等安装用。前面几章中已使用过。

图9.1 半轴半销、十字孔梁、直角连接板

梁的孔都是圆的，要用轴去带动梁一起转，就可以依靠十字孔梁，图9.2介绍了一个风车模型，风翼的中心就是十字孔梁。

直角连接板在机器人小车实验中较多作为安装光感使用，在机械装置实验中垂直零件与底板之间可以用直角连接板来装配，风车模型中也有此应用。

图9.2 发挥十字孔梁和直角连接板功能的风车模型

## （二）光感装配

图9.3　光感装配

机器人安装与前一章的方案基本相同，光感改为侧向探测，光感组装时需加一块2×8的板，让光感尽量向侧面多伸出去一点，如图9.3。在实验时就会发现小车的后轮容易撞塑料盒的拐角，多伸出去一点可避免相撞。

## （三）沿墙航行实验原理及编程

图9.4　实验场地及小车出发位置

实验场地按图9.4布置，在场地中央放置9786材料盒，实验台围边与塑料盒之间的距离应在20厘米以上，如实验台较小，9786材料盒太大，其他淡颜色的盒子都可以用。

实验要求是机器人小车围绕塑料盒作沿墙航行一圈。

实验原理是小车放在塑料盒侧面，光感侧向对着塑料盒，前进航行时光感得到较多的反射光，当小车航行到光感伸出塑料盒时，反光一下子少了，这时如马上转弯后车轮会与塑料盒相撞，因为车身大部分还在塑料盒侧面，小车需要继续前进一小段距离，称为前冲。然后再作前进转弯，在转弯过程中，光感逐渐与塑料盒靠近，得到的反光逐渐增强，转弯到位后重复刚才的航行。

现在讨论如何编程，根据航行过程分析，需要应用循环程序，且在循环体内有三个航行过程的程序。图9.5是范例程序，从程序图看到，第二个航行过程只有一个时间控制主图标，这是利用机器人的运行原理，在第一章中已讲过，不给马达新的命令，马达会保持原来的状态，在设定的时间变量内小车会继续前冲。第三个航行过程采用了前进转弯，转弯结束信号由光感产生。

图9.5　范例程序

## （四）实验调试方法

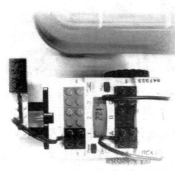

图9.6　转弯开始光值测量

调试开始前先关灯和拉窗帘，分两步调试，第一步把循环变量设为1，小车完成从直线前进到转弯的一个循环。首先要设定合理的光感变量值，让光感伸出塑料盒测量光值，如图9.6，在探测到的光感数值上加2至3作为程序中光感变量值。你可能会有这样的疑问，为什么不采用第七章的办法，在塑料盒旁和塑料盒外分别测量后取平均值作为变量值呢，因为小车在航行时与塑料盒的距离会有变化，有时离塑料盒偏远一点，光感探测值会低于平均值，小车就会在塑料盒旁作转弯航行。

接着调试前冲距离和转弯角度，图9.7至9.14对如何观察判断及怎样调整作了提示。前冲距离与时间变量的对应关系较容易理解，转弯角度与等待亮光图标下变量值的对应关系：转弯角度偏多变量值应减小，角度偏少变量值应加大。

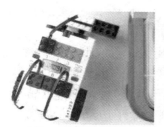

图9.7　前冲距离偏长

图9.8　前冲距离偏短

图9.9　转弯角度偏大

图9.10　转弯角度偏小

图9.11　前冲距离长转弯角度大

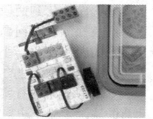

图9.12　前冲距离短转弯角度小

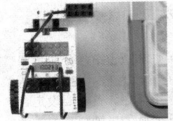

图9.13　前冲距离长转弯角度小　图9.14　前冲距离短转弯角度大　图9.15　前冲距离和转弯角度都合适

从上面这些图中可以看出，前冲距离和转弯角度两者需要交叉、反复多次调整，当调整到小车正好转90度，且与塑料盒的距离恰当后。如图9.15，可以进入第二步调整，把循环变量改为4，没有意外小车就能沿塑料盒航行一圈，实验成功。还可以把循环变量设得再大一些，让小车沿着塑料盒航行几圈。

有时会出现小车航行了3条边就停下了，原因是转弯角度偏小使小车继续前进后离塑料盒逐渐变远，光感在塑料盒旁就探测到了转弯信号并作了转弯航行，循环被多消耗了1次，那为什么没有看到明显的转弯动作呢，那是因为刚转了一点点光感就看到了转弯停止信号，进入下一次循环的前进航行了。

## 拓展与挑战

在完成本实验后，如不修改程序，而改用大一点或小一点的盒子，能否同样完成沿墙航行实验？请通过实验来验证，并解释原理。

分析本次实验，一个循环体内只需两个航行过程，前进加转弯，因为光感安装在小车前部，所以在探测到盒子边缘时，需要前冲一段距离后作转弯。能否把光感安装到小车的尾部，这样可以把程序简化到两段。对转弯开始信号的探测没有问题，但是转弯结束探测会有问题，因为安装在尾部的光感在转弯过程中与塑料盒的距离变化很小。所以光感安装在小车前部且配合循环体内的三段程序是合理的。

本次沿墙航行实验中，小车实际是沿外角的墙航行，对内角拐弯的墙，显然无法完成。如想让机器人小车沿各种墙航行，首先需要学习下一章中的二分支程序，才有可能完成沿各种墙的航行。

# 机械手

**阅读材料**

机械手由手臂和手爪组成。工业机器人的手爪主要有钳爪式、磁吸式、气吸式三种。钳爪式的手爪与人手最为相似，它具有两个、三个或多个机械手指，能抓取不同形状的物体；电磁式吸附手爪是靠通电线圈产生的电磁力吸住物体的，像磁铁能吸住铁钉等金属一样；气吸式手抓则靠大气压力把吸附头与物体压在一起，实现物体的抓取。

最常见的制造类机器人是机器臂。一部典型的机器臂由七个金属部件构成，它们是用六个关节接起来的。计算机将旋转与每个关节分别相连的步进式马达，以便控制机器人（某些大型机器臂使用液压或气动系统）。与普通马达不同，步进式马达会以增量方式精确移动（请访问Anaheim Automation公司的网页以了解它的原理）。这使计算机可以精确地移动机器臂，使机器臂不断重复完全相同的动作。机器人利用运动传感器来确保自己完全按正确的量移动。

这种带有六个关节的工业机器人与人类的手臂极为相似，它具有相当于肩膀、肘部和腕部的部位。它的"肩膀"通常安装在一个固定的基座结构（而不是移动的身体）上。这种类型的机器人有六个自由度，也就是说，它能向六个不同的方向转动。与之相比，人的手臂有七个自由度。

人类手臂的作用是将手移动到不同的位置。类似地，机器臂的作用则是移动末端执行器。您可以在机器臂上安装适用于特定应用场景的各种末端执行器。有一种常见的末端执行器能抓握并移动不同的物品，它是人手的简化版本。机器手往往有内置的压力传感器，用来将机器人抓握某一特定物体时的力度告诉计算机。这使机器人手中的物体不致掉落或被挤破。其他末端执行器还包括喷灯、钻头和喷漆器。

# 中国机器蛇无孔不入

2001年11月26日，国防科技大学的机器人实验室人头攒动，热闹非凡。由国防科大张代兵等5名研究生研制的我国第一台蛇形机器人进行公开演示。这条长1.2米，直径0.06米，重1.8公斤的机器蛇，扭动着身躯，在地上蜿蜒爬行，只见它一会儿前进、后退，一会儿拐弯和加速，其最大前进速度可达每分钟20米。

安装在机器蛇头部的视频监视器，将机器蛇运动前方景象实时传输到后方的电脑中，科研人员则可根据实时传输的图像观察运动前方的情景，不断向机器蛇发出各种遥控指令。更为引人入胜的是，这台蛇形机器人还能像蛇一样在水中游泳，披上"蛇皮"后的机器蛇似乎更像蛇了，它在水中摆动的身躯在水面激起层层涟漪。

**"无肢运动"——吸引全球科学家** 蛇形机器人是一种新型的仿生机器人，与传统的轮式或两足步行式机器人不同的是，它实现了像蛇一样的"无肢运动"，是机器人运动方式的一个突破，具有结构合理、控制灵活、性能可靠、可扩展性强等优点，可在有辐射、有粉尘、有毒及战场环境下执行侦察任务；在地震、塌方及火灾后的废墟中寻找伤员；在狭小和危险条件下探测和疏通管道。它还可以为人们在实验室里研究数学、力学、控制理论和人工智能等提供实验平台。

发达国家都十分重视蛇形机器人的研制和开发。日本是最早开展蛇形机器人研究的国家。而美国的蛇形机器人研究则代表了当今世界的先进水平。

过去以轮子作为行走工具的机器人，往往会在粗糙而陡峭的地形上被卡住或摔倒，而新型机器蛇在这种地面上却仍然可以行走如飞，动作十分灵活。机械蛇其中一个优胜之处是它的组件式设计，这种设计令控制人员可以较轻易地进行外层空间遥控维修。另外，由于机械蛇可以自行从探测船滑下地面，探测船便不用装设起落坪，减少运动过程中出现失误的机会。

科学家已经开发出了蛇形机器人的雏形，它有一个计算机"大脑"，其分段的身体各部分通过电线与"大脑"联结在一起。"大脑"通过指令来指挥各个身体段工作。目前，新型机器蛇仍然依靠电线连接身体的各个部分，并且必须通过这些金属线来传达信息，告诉机器人身体的各关节如何运转。

而今后，科研人员希望进一步完善这种机器蛇，将改进机器人大脑内的计算机芯片，以使得其能够不借助于或只需少量线路，即可完成对各关节的操纵。科学家最终还将为蛇形机器人安装合成"皮肤"，以保护各个工作零件。科学家希望能够编写出一种软件，使蛇形机器人通过"经历"记住如何在软表面或硬表面以及有岩石的地方前进。

据估计，蛇形机器人有望在5年后进入太空。新型机器蛇的第一代产品将于不到一年的时间里问世，届时工程师将命令其完成部分高难度的动作，比如说完全站立起来行走等。

**灵感来源——《动物世界》**　研究人员张代兵在看了中央电视台《动物世界》蛇的节目后，对蛇的特殊生理结构和运动方式产生了浓厚兴趣，他萌发了一个大胆的想法：研制中国的机器蛇。张代兵的想法得到各级领导与导师的支持和鼓励。与他同专业的潘献飞、谭红力、田菁和机械设计专业的周旭升4名研究生也加入到"造蛇"的行列。

**造蛇开始——艰难的历程**　2001年4月底，国防科大建校以来第一个全部由在读研究生组成的研制机器蛇的"课题组"成立了。他们的第一项工作就是对蛇进行观察和研究。他们一边苦读一边到动物园观察蛇类运动，甚至跑到野外寻找蛇的踪影，终于对蛇的生理结构和几种主要运动方式摸了个一清二楚。如蛇的横向波动，就如同波的传播一样前进，是通过横纵向摩擦力大小的不同产生向前的动力；而蛇的伸缩运动则是像风琴一样折叠前进，蛇体的一部分保持静止不动，其他部分向前运动。此外他们还研究了蛇的侧向和直线运动等运动方式。

蛇是一种柔性体系，如何用一种机械机构来模仿生物蛇一样的运动呢？他们决定用多环节刚体来制作机器蛇的身体，每节之间用连杆相连，通过控制每个环节的相对运动角度使蛇体达到模仿生物蛇运动的目的。

电机是机器人的心脏，他们首先遇到的难题就是电机选型和配置问题。最后他们决定选用一种伺服电机。他们通过在网上发布求购信息。最后终于在一个电子市场如愿以偿地买到了合适的电机。

接下来，在进行仿真分析、做模型、编程序、调试电路、修改和完善后，他们终于将机器蛇组装进行调试了。但是当他们将机器蛇连接到计算机上，他们辛辛苦苦造出来的"蛇"却只会原地抖动，不会蜿蜒前进。大家虽然有些失望，但并不气馁。经过反复讨论、修改，不断进行受力分析实验，将8节蛇身加长到了16节，增加了无线监视和控制系统，使机器蛇摆脱了电缆的束缚，游出实验室，走进大自然。

这次研制成功的我国第一条蛇形机器人，标志着我国已成为当今世界具备"蛇形机器人"研制能力的少数国家之一。

——本文选自《科学探索杂志》

# 十、迎难而上的机器人
## ——实现沿黑线航行

　　机器人小车沿着黑线行驶，是一个非常有趣而又富于挑战的实验，掌握这项技术，可以使机器人变得聪明又能干。实现沿线行驶的方法有很多，这一章学习用单个光感完成沿黑线航行的实验。这是一个很典型的乐高机器人实验，要用到循环加分支的程序内容，掌握这种程序的应用，能使机器人完成较复杂的任务。

* 理解分支程序的运行原理及掌握程序编写方法。
* 能应用分支程序完成小车沿着黑线航行实验。

　　◆ 想一想：机器人小车为什么能沿着黑线航行？

　　◆ 试一试：分支程序还能让机器人完成什么任务？

图10.1　光感分支

图10.2　分支程序图标位置

## （一）认识分支程序

　　以前编程中使用的程序图标都只有一个输入端和一个输出端，从图10.1可看到分支开始图标的输入端也是一个，但输出端有上下两个，而分支结束图标（也称为合并图标）的输入端也是有两个，在这两个图标之间的程序就有两条通路，分支开始图标也称为分支条件选择图标，图表内有大于、小于、等于的数学符号，程序运行到这里，会对传感器获得的信息与设定的变量值作比较，从而选择其中一条分支运行。分支与循环配合使用，能使机器人更好地完成任务。分支程序图标位置如图10.2。

我们通过一个小实验来了解分支程序的运行原理，按图10.3组装实验硬件，再把图10.4的程序传给控制器。程序中两个图标 成了无限循环，按一次黑色键（View）后，液晶屏会显示光感探测到的光线强度读数，启动程序后，手拿光感去探测不同颜色的物体，当读数大于40，接在A端口的灯就亮，读数小于等于40，接在C端口的马达开始旋转。

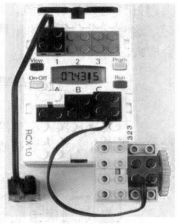

图10.3　分支小实验硬件组装

乐高提供了很多分支程序内容，如图10.5。光感分支的逻辑原理是：当光感探测到的数值大于程序中设定的变量值，执行上面分支，小于等于变量值执行下面分支。

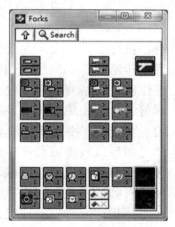

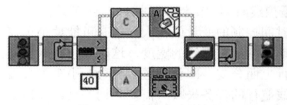

图10.4　分支小实验程序

图10.5　多种分支程序图标

## （二）光传感器的组装

实验小车以第八章的组装方案为基础，前部加直角连接板，并安装向下探测的光传感器，如图10.6。光感与桌面的距离越近，环境光线的干扰就越少。

衡量光感探测的可靠性标准是：需要区分的两种探测情况的读数，数值相差越

图10.6　实验小车加装光感

大越好。可以这样试验，将光感安装在较高位置，即与台面距离较远，这时对黑白两色的测量读数差值就会缩小，产生误判的可能性就会增大。

## （三）沿黑线航行实验原理与编程

实验要求机器人小车沿着黑线行驶，图10.7是范例程序，这个程序实际上是让小车沿着黑线左边的黑白交界线航行。光感探测到白色

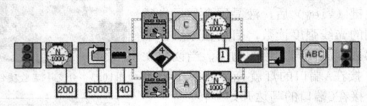

图10.7 范例程序

时，执行上面分支，左边的A马达前进，右边的C马达停止，小车作前进右转弯航行，向黑色偏转。反之光感探到黑色，执行下面分支，小车作前进左转弯转向白色。机器人小车就是这样在黑白交界线上作蛇形前进，来完成沿黑线航行的实验任务。如果把程序中上下两个分支的内容交换，小车就能沿着黑线右侧的交界线航行。

如黑线较细或程序中时间控制的变量值较大，就有可能使小车在作蛇形前进时光感左右摆动幅度超过黑线的宽度，这时光感会探测到黑线右侧的白色，程序执行上面分支，即作前进右转弯，小车就会右转弯掉头往回走，造成沿线航行的任务失败。需要强调的是，如果编写的程序是让小车沿着黑线左侧交界线航行，而光感一旦偏到黑线右侧，就会引起小车转弯掉头，造成实验失败。

那是否可随意选择黑线左边还是右边交界线航行呢？黑线的走向确定了这个选择，如果黑线没有大角度急转弯或黑线足够宽，沿黑线左右两边交界线航行都可以。当黑线有急转弯时，应选择转弯角外侧一边的交界线作为引导线。如要沿着图10.8的长方形黑线航

图10.8 长方形黑线

行，只能选外侧交界线作为引导线，如果顺时针方向航行，光感应在黑线左侧，反之逆时针方向航行，光感应在右侧。两种方向航行的程序肯定不一样。假如在内侧航行，行驶到拐角时，因小车是作前进转弯，由于惯性作用，很可能在拐角处穿越黑线，造成任务失败。

沿线航行实验场地一般都用黑色电工绝缘胶带贴在白色底板上，实验黑线可贴成直线、折线、圆弧线结合起来，比较典型的是把黑线贴成大写字母"R"的形状。在选择黑线边界时，由于黑线弯折方向的变换，使得边界出现外侧和内侧在转换，可以把程序分成几段，每一段包含一个循环，边界外侧和内侧转换一次，程序增加一段。

# （四）实验调试内容

光感变量值的设置是本实验的关键，一般是在白色底板和黑色线条上各测量一次光值，然后取平均值作为变量值。如果黑线较细，为避免光感穿越黑线，变量值可设置为接近白色光值。

可以调整马达功率，1号功率动力太小，较难作前进转弯航行，2号至5号功率都可以用，上下两个分支的马达可以采用不一样的功率，一般是由黑转向白的功率大一些，反之白转向黑小一些，目的也是防止光感穿越黑线。马达功率大，小车能走得快些，但容易失败，功率的选择需要在快和稳之间兼顾。

时间变量能控制小车作蛇形前进时的摆动幅度，有时为了减小幅度，甚至去掉时间变量图标，这时程序运行最短时间，每次循环时间约为0.5毫秒不到。

循环次数变量主要是控制小车行驶路线的长度，因为马达功率和时间变量对行驶路线长度都有影响，所以应该在最后进行精确调整。

## 拓展与挑战

利用沿线航行的分支加循环程序还可以神奇地让机器人小车完成沿墙航行，当然程序中光感变量值要作适当修改，实验小车的组装方案与前一课相比需略作改动，光感安装位置需向后移动，光感安装使用2×10的板，如图10.9。光感向后移动，且多伸出去一点的原因，实验以后就有答案了。实验场地布置与前一课相同。

还可以把有限循环修改成无限循环程序（参考本章的小实验），这样小车就会沿着塑料盒一直航行下去，只有在人为干预下才能停止。

图10.9 用分支程序完成沿墙航行

## 跳转与分支图标

阅读材料

| 图标 | 名称 | 示例 | 说明 |
|---|---|---|---|
| | 着陆和跳转实现无限循环 | **着陆**：跳转结束图标。在程序里，同一颜色的着陆只能有一个。<br>**跳转**：在程序里，同一颜色的跳转可以有多个，也就是说，可以从多个地方跳到同一地方。 | |
| | 触动传感器判断分支 | | 触感松开时，A灯亮，触感按下时，C灯亮。 |
| | 光感判断分支 | | 光感值大于40时，A灯亮，光感值小于40时，C灯亮。 |
| | 分支合并 | | 光感值大于40时，A马达转动，小于40时，C灯亮。 |

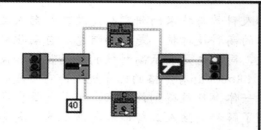

快速拼装机器人小车，向下安装光传感器，按上图所示编写程序，下载到机器人小车的RCX。

**实验现象：**

　　1.当光传感器探测黑色底板时，机器人小车由C马达控制的轮子转动。

　　2.当光传感器探测白色底板时，机器人小车由A马达控制的轮子转动。

　　其原因：光感值大于40时（白色），A马达转动，光感值小于40时（黑色），C马达转动，马达带动车轮转动。

## 机器人竞赛概况

**阅读材料**

　　机器人竞赛是近年来国际上迅速开展起来的一种高技术对抗活动，它涉及人工智能、智能控制、机器人、通讯、传感及机构等多个领域的前沿研究和技术融合。它集高技术、娱乐和比赛于一体，引起了社会的广泛关注和极大兴趣。目前，国际上推出了各种不同类型的机器人比赛，如机器人足球、机器人舞蹈、机器人相扑、机器人投篮等，其中尤以机器人足球比赛最为引人注目。

　　标准的足球机器人比赛国际上主要有两个组织：一个是RoboCup，另一个是FIRA。相比之下，RoboCup在国际上具有更大的影响力。RoboCup的目标是：到2050年左右，机器人足球队可以按照国际足联的规则与世界杯冠军队进行一场举世瞩目的人机大赛，并战而胜之。这个目标是人工智能与机器人学今后50年的重大挑战。从莱特兄弟的第一架飞机到阿波罗计划将人类送上月球并安全返回地球花了约50年时间；同样，从数字计算机的发明到"深蓝"高性能计算机击败人类国际象棋世界冠军也花了约50年时间。科学家们相信，经过约50年的努力，建立人形机器人足球队并完成上述目标是完全有可能实现的。有史以来，人类不断地挑战自我，战胜自我，相信机器人足球队战胜人类世界冠军队将是人类智慧的又一次胜利。

　　将机器人足球作为一个标准问题和研究工具，其目的是促进人工智能和智能机器人科学与技术的研究与发展。机器人足球是以体育竞赛为载体的高科技对抗，是培养信息、自动化领域科技人才的重要手段，同时也是展示高科技的生动窗口和促进科技发展的有效途径。RoboCup有严格的比赛规则，它融趣味性、观赏性、高科技为一体，日益得到许多人，尤其是青少年的关注和喜爱，是人们了解和关注人工智能和智能机器人科学与技术的一座桥梁。

1996年，RoboCup国际联合会成立，并于1996年在日本举行了表演赛。1997年首届RoboCup比赛及会议在日本的名古屋举行，以后每年举办一届。1998年在法国巴黎，1999年在瑞典斯德哥尔摩，2000年在澳大利亚墨尔本，2001年在美国西雅图，2002年在日本福冈，2003年在意大利帕多瓦，2004年在葡萄牙里斯本，2005年在日本福冈，2006年在德国的不来梅，2007年在美国的亚特兰大，2008年在中国的苏州举办了机器人足球世界杯。

近年来，RoboCup系列比赛积极地发展与壮大，正在成为一项涵盖大学生和中小学生的全方位的国际著名赛事。目前RoboCup的活动包括：技术会议、机器人比赛、挑战计划、教育计划、基础发展等。机器人比赛是所有活动的核心，在足球比赛、救援比赛和青少年比赛三个大项目下，分别设立了2D仿真、3D仿真、小型组、中型组、四腿组、类人组、救援组、家庭组、微软足球挑战赛、青少年舞蹈组、青少年足球组、青少年救援组等十多个类别的不同赛事。

中国很早就参加了国际上的RoboCup的各项比赛，并在一些比赛项目中表现突出。例如清华大学的清华风神队在2001年至2003年连续夺得仿真组两次冠军和一次亚军。近年来中国代表队在RoboCup系列比赛的各项赛事中参与范围不断扩大，参与队伍越来越多，表现也越来越出色。

在国内，1999年第一次RoboCup机器人足球赛在重庆举行，以后每年举办一次。2001年中国自动化学会机器人竞赛工作委员会成立，主要负责在国内开展、组织与机器人技术相关的赛事与研讨会，以及参与国际机器人技术领域的竞赛和交流。目前，中国的机器人竞赛正在朝着多样化、大规模、高水平的方向发展。

# 十一、聪明智慧的机器人
## ——实现航行中记录数线数量

本章实验内容将有所突破，不仅要对机器人小车的航行状态实行控制，还要在航行的同时对外界信息实施收集和处理，并能储存和显示经过处理的信息，从这个实验中能体会到实施自动化控制的方法和原理。

* 能理解机器人小车在航行过程中记录平行黑线的原理。
* 能完成小车在航行中数黑线实验，并能在液晶屏上显示黑线数量。

◆ 试一试：如何编写正确识别黑线的程序。
◆ 想一想：小车怎样做到航行规定距离的同时记录黑线数量。

## （一）认识容器程序

机器人的控制器内（包括RCX）都有一台微型计算机，计算机都具有运算和储存功能，但这种功能需要编写合适的程序才能实行，在乐高软件ROBOLAB中承担数值运算和储存功能的一类程序图标，称为容器，相当于一般计算机编程语言中的函数功能。在这一章中，要利用容器程序让机器人小车完成在航行过程中探测并记录黑线数量。容器类程序图标位置及图形如图11.1。

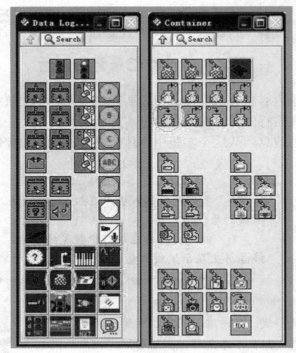

图11.1　容器程序图标

## （二）实验小车加光感与实验方法探索

　　小车的组装方案与第二和七章基本相同，第七章的光感安装在小车的前方，这次光感安装在小车尾部，如图11.2。

　　第七章的见黑即停实验，比较简单，小车航行时光感探测到黑线后马上停住。现在尝试让机器人小车在看见三根黑线后停下。一般

图11.2　光感安装

的思路为在见黑停程序的基础上，添加循环，并把循环变量设为3，如图11.3。这个程序能否实现到第三根黑线停下呢？试验后发现，小车还是像见黑停实验一样，在第一根黑线就停住，试验把循环变量加大到10，还是在第一根黑线处就停下。什么原因呢？这是因为，ROBOLAB2.9版本的软件，能让光感在一秒钟内作二千多次的探测，因此在经过一根用1.8厘米宽绝缘胶带贴住的黑线时，光感会作几十次探测。所以十几次循环还是只能在第一根黑线处停下。

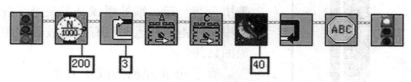

图11.3　试一试能否到第三根黑线停下

在探测到黑线后加一个时间控制，在这段时间内光感就不作探测，且小车保持前进，俗称盲走，如图11.4的程序在探测到黑色后会有20毫秒的盲走。如时间变量与黑线宽度配合适当，能使小车的光感行驶在黑线上的这段时间内眼睛闭着，过了黑线后再睁开眼睛，这样就能正确探测黑线数量，即如需要小车在第几根黑线后停住，只要把循环变量设为相同数字就可以了。但这样的方法只能适应固定宽度的黑线。如果实际探测的黑线宽度不确定，黑线较宽时设定的时间变量会不够，当把这个变量设的太大时，还会把两根靠得较近的黑线当作一根黑线处理，所以靠加时间控制来数黑线不是正确有效的办法。

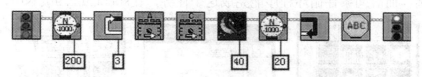

图11.4　适当调整时间变量可以在第三根黑线停下

那么当黑线的宽度事先不知道时，机器人小车怎么数黑线呢？我们再观察一下黑线，其实黑线的两边都是白色，要设法利用这个情况，前面的实验都是建立在见黑停的基础上，如果程序编写成在见黑后再等待白色出现，把这样的过程作为探测一根黑线的依据，按照这个原理编写的程序如图11.5。通过实验发现无论黑线粗和细，都能正确计数。

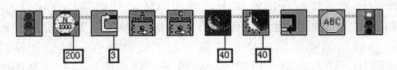

图11.5　能可靠识别黑线

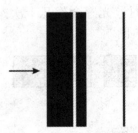

图11.6　考验识别黑线能力

可以布置一个考验机器人小车识别黑线能力的实验场地。粗的黑线由三根绝缘胶带拼合在一起，细的黑线是半根绝缘胶带，两根黑线距离较近时只有半根胶带的距离。如图11.6。

有了可靠探测黑线的方法，接下来可以做下面的主要实验了。

## （三）数黑线实验要求和程序编写

实验要求：机器人小车在航行规定距离的同时，探测这段距离内，有几条黑线，然后在控制器RCX的液晶屏上，显示与黑线数量相同的数字。

现在就按实验要求来分析如何编程，要解决在航行规定距离的同时还要探测黑线，编程时就不能靠简单的时间控制程序来控制航行距离，而时间条件循环程序能完成这个任务，在ROBOLAB2.9版本中，时

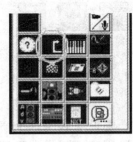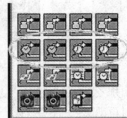

图11.7　时间条件循环开始图标

间条件循环程序图标有两种，如图11.7。左边是精度1/10秒的时间条件循环程序图标，如要循环1秒钟，变量值应设为10。右边图标是精度1/100秒，变量值100相当于1秒。在用到时间条件循环图标时，需

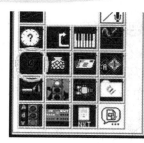
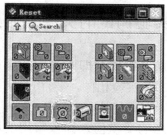

先放一个计时器清零图标与之配套，这是ROBOLAB编程规则规定的，清零程序图标的位置如图11.8。

图11.8 时间清零图标

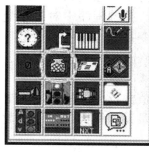

解决计数问题，可以用容器内容中的数字运算程序图标，如图11.9。程序每经过这里就在容器里增加一个数值，数值大小由变量值确定，实验要求是记录黑线数量，所以变量值就设定为1。在程序的前面还需放一个容器清零程序图标，否则每次实验记录的黑线数量会不断累加。这个图标就在时间清零图标旁边。

图11.9 容器程序图标

图11.10 显示功能图标

现在要解决最后一个问题，如何把容器内的数字显示出来，图11.10中图标有液晶屏显示功能。把放黑线数量的容器作为液晶屏显示图标的变量值，小车行驶中数到的黑线数量就会在液晶屏上显示出来。图11.11是完整的范例程序。

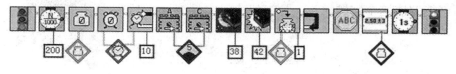

图11.11 范例程序

# （四）实验调试的关键是光感变量值

首先调整小车的航行距离，即对时间条件循环变量值进行设定，调整原理和方法与第二章实验相同，要注意数量单位，数字10代表1秒钟。根据场地情况来调整变量值。

第二步是设定光感的变量值，如按常用的取黑白平均值作为光感变量值的办法，实验后发现，显示数字有时会比实际黑线数量多的情况，这是因为在黑白交界处光感作了重复探测。范例程序中对光感变量值作了优化处理，把等待黑色程序图标下的变量值改小一点，把等待白色程序图标下的变量值改大一点，这样的修改能大大提高探测黑线数量的正确性。

我们还可以做一次反证实验，把光感变量值向反方向修改，即把等待黑改大，等待白改小，实验后就知道，测量误差极大，显示的数字会比黑线实际数量大很多。

在实验中可能会出现一种情况，已到达设定时间，小车却没有停而继续前进，好像是时间条件循环程序出错了。原因要从循环程序的逻辑原理来分析，每当程序运行到循环结尾图  标时，会对当前情况与循环条件作对比判断，如满足循环条件则继续循环，如不满足，则退出循环，运行后面的程序。如果实验场地上黑线贴在靠近出发区域处，小车在探测到场地上最后一根黑线后，时间还没有超过循环程序的变量值，这时小车保持前进状态，程序运行到第八个图标，即等待黑色出现，在时间超过循环变量值后，因为程序没有运行到循环结尾，也就没有机会作是否满足循环条件的对比判断，所以会出现小车超过时间还保持前进的状况。为了克服这种情况，最后一根黑线应贴在循环时间结束时小车行驶到的位置。

有没有办法在到达设定时间时确保机器人小车停住呢？答案是肯定的，如果用事件程序图标来编程，就能解决这个问题。

## 拓展与挑战

图11.12是事件类程序菜单图标的位置，图11.13是有关事件内容的程序图标。如对事件程序感兴趣，可以参考《ROBOLAB2.9_编程指南中文版》，这个内容留给同学自己来探索。

图11.12　事件菜单图标

图11.13　事件图标

# 中小学生机器人竞赛类型

**阅读材料**

在中小学生中开展的机器人竞赛项目可以分为三种类型：任务型、对抗型、创意型。

一、任务型机器人竞赛规则详细规定了参赛机器人需要完成的任务，竞赛时各参赛队按抽签秩序进行比赛，裁判员记录每个参赛队任务完成质量和完成时间，核算出参赛成绩，然后对成绩排序，最后分出名次。任务型机器人竞赛项目比较多，如机器人灭火比赛，机器人搜救比赛，FLL工程挑战赛，基本技能比赛等，同一个项目每年的竞赛规则都会有所修改，甚至完全更换竞赛内容。

二、对抗型机器人比赛主要是各类竞赛中的足球机器人项目，遥控型机器人VEX工程挑战赛，机器人相扑，机器人摔跤等，裁判员一般只记录对抗两队的输赢，比赛过程往往分为三个阶段：第一阶段是循环赛，选出优胜队进入第二阶段的淘汰赛。最后是冠亚军决赛。

三、创意型机器人比赛大部分采用展示形式，参赛机器人放在展台上展览或表演，并附带与作品有关的文字和图片说明，评委对参赛机器人的功能和表演进行评比打分，并对参赛学生提有关技术问题。最后评委根据作品质量和表演情况及学生回答问题状况评出获奖作品。创意机器人竞赛主要有以下几项：创新大赛中的机器人项目、青少年世界杯比赛及各级选拔赛中的机器人跳舞项目、中国青少年机器人竞赛中的创意比赛项目等。

任务型和对抗型机器人比赛时，应该自主运行，人与机器人都不能接触。竞赛规则对参赛机器人都有较详细的技术规定，如最大尺寸限制，重量限制，电池数量或电压限制，电动机数量限制，传感器数量限制，使用材料限制等，在比赛前一般都会按规则要求对机器人进行检录。创意型机器人比赛对机器人的技术限制很少，有时会确定一个创意主题，在此主题内可自由发挥。

下面具体介绍几种比赛：

1．**机器人灭火项目**：比赛是在一个长宽各为2.5米的场地内进行的。场地模拟一个四室一厅的房屋。灭火对象是一个直径2.5厘米的蜡烛，可放置在"房屋"的任何角落。机器人的整体外形尺寸限制在300mm×300mm×300mm之内，必须听由裁判任意指定出发地点，通过红外传感器穿越家具等障碍物，以最快的速度找到火源和把火灭掉。

图11.14　机器人灭火

2．**机器人搜救比赛**：比赛场地为模块化结构，单个模块结构都可以被看作一个房间。大部分是三个模块，相同高度的两个房间通过一条水平走廊连接，不同高度的房间通过斜坡连接。地板上，有一条黑色轨迹线，让机器人沿黑色轨迹线运动。黑线贴成各种曲线，还有断线和障碍物。比赛场地上布置有

图11.15　搜救比赛场地

受害者，需要机器人寻找并救援。机器人经过房间、走廊、斜坡、断线、障碍物及找到受害者等都能得分，得分即为比赛成绩。

3．**足球比赛**：机器人足球比赛，比拼速度和力量的同时，强调比赛中的技术成分。规则中采取了限制机器人动力的措施。

4．**基本技能比赛**：机器人基本技能比赛，要求参赛代表队在现场自行制作机器人并进行编程。机器人自动控制，在赛前公布的竞赛场地上，按规则进行比赛。

5. **机器人创意比赛**：创意比赛基于每年一度的机器人竞赛主题，中小学生机器人爱好者，花费6个月左右的时间，进行机器人的创意、设计、编程与制作，最后以具体的机器人创意作品的形式参加竞赛活动。2010年主题是"群星璀璨世博会"。要求参赛队员以上海世博会为背景，创意出形形色色的紧扣上海世博会主题的机器人。本次比赛有84件作品在这个大舞台上亮相。

6. **FLL机器人挑战赛**：FLL机器人挑战赛是一项国际机器人比赛项目，要求参赛代表队自行设计、制作机器人并进行编程。机器人在特定的竞赛场地上，按规则比赛。比赛规则不断完善，望与国际FLL比赛接轨。

图11.16 机器人足球

在中国青少年机器人竞赛中设置FLL机器人挑战赛的目的是激发我国青少年对机器人技术的兴趣，为国际FLL机器人挑战赛选拔参赛队。本届的主题是："快捷运输"。设想一下未来的运输技术，让我们对更高效更安全的交通运输方式，先有个第一手的体验。

图11.17 基本技能

7. **VEX机器人工程挑战赛**：VEX机器人工程挑战赛也是一项国际机器人比赛项目。参赛代表队须自行设计、制作机器人并进行编程。机器人可自动、手动控制，在特定的竞赛场地上，按规则要求比赛。2010年主题为"大获全胜"，需两个联队合作。每场比赛的时间是140秒。参赛队要开发许多新技能来应对面临的各种挑战和障碍。

图11.18 VEX比赛

# FLL竞赛介绍

**阅读材料**

"创造一个弘扬科技的世界，那里的年轻人梦想成为科技精英。"—FIRST创始人DEAN KAMEN。

FLL是FIRST机构与乐高（LEGO）集团组成的一个联盟组织。由发明家DeanKamen创立的FIRST机构（For Inspiration and Recognition of Science andTechnology)，其目的是激发青少年对科学与技术的兴趣。FIRST LEGO League是1998年由FIRST机构和LEGO集团组建的一个针对9-14岁孩子的国际比赛项目，每年9月份，FIRST LEGO League 向所有的队伍公布年度挑战项目，这个项目鼓励孩子们用科学的方式去调查研究以及自己动手设计机器人。孩子们使用LEGO MINDSTORMS technologies 产品和LEGO积木在辅导员的指导下为机器人进行设计、搭建、编程来解决现实世界中的问题，在8周之后，赛季的高潮是举办一个运动会式的比赛。从比赛开展以来，FIRST已经对学生和学校产生了积极的影响，FIRST创始人Dean Kamen 说："我们需要给孩子们展示设计游戏比玩游戏更有趣"。他还指出："参加FLL比赛，孩子们发现了他们自己职业发展方向，并且学会了如何去为社会作出积极的贡献。"

图11.19　FLL各年度赛场

一、FLL的核心理念

* 我们是一个团队。

* 我们在教练和导师的指导下，努力地去寻找问题的解决方案。

* 我们的宗旨是友谊第一、竞赛第二。

* 结果并不重要，重要的是你在比赛过程中的收获。

* 与人分享我们的经验。

* 做每件事情都要体现我们的职业修养。

* 我们是快乐的。

二、 FLL 赛事项目

1. 课题研究

首先，要求团队根据当年的主题确立一个问题，然后研究该问题，创建一个工程或科技解决方案并分享结论。接下来，确定一个最终的解决方案并讨论陈述的方式。解决方案不应该是别人已经在使用的，应该是一个全新的方案，或者在已有的思路上做了拓展和改进，保证团队的解决方案是新的和唯一的。在展示过程中团队要用一种有创意和想象力的方式来陈述研究成果。课题研究还要求队伍与周围社区，如校外组织、学校、公共团体分享研究成果、解决方案，同时可以和其他人一起分享科技所带来的乐趣。

课题研究是整个FLL 比赛中的重要部分，FLL 不只是搭建机器人的竞赛，FIRST 鼓励参赛队伍全面发展，要取得成功，任何一个工程项目都需要有一支综合发展的团队。通过研究课题，团队可以更多地了解挑战主题，更好地理解这个领域中专业人员的工作。每个团队将会碰到与科学家和工程师一样的问题，揭开科学和相关专业领域的面纱将会开拓队员的视野，规划未来职业的选择。

2. 场地竞赛

在150秒的场地竞赛时间里，机器人通过完成任务来获得尽可能多的分数。

比赛期间，计时器不会暂停。根据比赛的安排，每个参赛队伍的比赛次数和成绩计算方法详见评分标准。

在竞赛中，机器人必须从基地出发，机器人可以多次往返于基地和场地之间，每次驶出基地后可以尝试完成1个或者多个任务。机器人的运行必须是自动的。

通常，当参赛队伍准备好以后，启动机器人，机器人离开基地后自动地去完成任务，然后（根据需要）自动返回基地。大多数机器人需要多次执行任务。

3. 技术问辩

技术问辩能够让裁判知道机器人的设计、编程是否主要由学生完成，同时可以更好地鼓励学生掌握更多的机器人设计和编程技术。

4. 团队合作

团队合作将评价参赛队在整个比赛中的精神面貌、道德风尚以及宣传展示形象。该项目将有助于裁判了解队伍在比赛中的合作情况、比赛和非比赛过程中的道德和精神面貌，以及队伍的个性化展示。

# 十二、直线运动与圆周运动互相转换的曲轴连杆机构

在机械装置中圆周运动最常见，而最简单的是直线运动，圆周运动与直线运动互相转化是机械传动中经常要解决的问题，常见解决方案有齿轮与齿条、螺杆与螺母、曲轴连杆机构、皮带与皮带轮、链条与链轮、凸轮与顶杆等，这一章要做的实验是用曲轴连杆机构完成圆周运动与往复直线运动的互相转化。

**学习目标**

\* 了解曲轴连杆机构的运动形式，能用乐高零件组装曲轴连杆机构。

\* 能完成圆周运动与往复直线运动互相转换的曲轴连杆机构运动控制实验。

◆ 想一想：你在什么地方看到过圆周运动与往复直线运动互相转化的机械传动机构。

◆ 找一找：举出生活中圆周运动与直线运动互相转换的例子。

**热身准备**

## （一）曲轴连杆机构

在内燃机中都有一套曲轴连杆机构，它把活塞的往复直线运动转化为输出轴的圆周运动。下面我们用乐高零件来组装出曲轴连杆机构，从而了解它的工作原理。图12.1是用乐高零件轴和联轴器来组装曲轴。在用乐高机器人材料做曲轴连杆机构实验时，往往用大齿轮加销来代替曲轴，如图12.2。

图12.1 由轴和联轴器组装的曲轴

工作时曲轴的一端在梁的孔里面可自由旋转，相当于发动机的输出轴，如图12.3，另一端套上梁作为连杆，当输出轴旋转时，连杆的另一端可以作直线往复运动。

图12.2　大齿轮与销组成曲轴

图12.3　大齿轮做出的曲轴有相近的效果

图12.4是能体现曲轴连杆机构工作原理的趣味小实验，用手转动摇柄，竖着的梁会左右摆动，类似汽车上的雨刷器。通过实验能感受到曲轴连杆机构将直线往复运动与圆周运动互相转换的功能。当转动手柄时，担任连杆的梁与担任雨刷杆的梁之间的连接销，如图12.4中的红圈，就在作近似的往复直线运动。

图12.4　曲轴连杆的一个应用—雨刷器实验

## （二）实验装置组装步骤

接下来我们来做一个与标准曲轴连杆机构比较接近的实验，图12.5至12.11是实验装置组装步骤。

步骤1：两块6×12的板和图12.5中的5根梁组装成基础底座，装配方法如图12.6。

图12.5　基础底座零件

图12.6 基础底座 　　　　　　图12.7 运动平台零件

步骤2：把图12.7的零件装配到基础底座上，组装成安装曲轴连杆机构的三个平台，如图12.8。

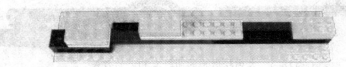

图12.8 运动平台

步骤3：取如图12.9中的零件，按图12.10装配成曲轴连杆机构实验装置。

图12.9 曲轴与连杆零件 　　　　图12.10 曲轴连杆机构及动力马达

步骤4：用导线把马达、触碰传感器与控制器连接起来。如图12.11。

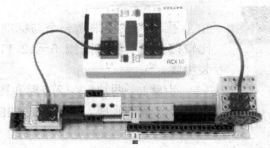

图12.11 完整的实验装置

# （三）任务要求和程序编写

如果安装都正确，就可以进行下面实验了，以下列举了五个小实验。

1．让马达转动1秒钟，再停止1秒，交叉进行，循环10次后结束。

图12.12

2．把触碰传感器旋转90度安装，如图12.12。再把实验1的程序修改成无限循环，但在按动触碰传感器后能退出循环程序，实验结束。

3．利用触碰传感器作为控制键，实验要求是，按动RUN键启动程序后（液晶屏上的小人在动），但马达并没有旋转，在按了触碰传感器后，马达转动1秒钟后停止。实验可以不断重复。

4．把触碰传感器转回到原来位置，在实验1基础上，修改程序，把马达的转动时间改为随机时间，即转动时间不确定，随机产生。停止时间改为3秒钟，要求每次马达停止时，与触碰传感器相碰的轴停在与触碰传感器距离最远的位置，如图12.13。

最大

图12.13　基础底座零件

5．马达转速测量，记录在一分钟时间内触碰传感器被触碰的次数，就是马达的每分钟转速，当然是由程序来完成记录。可以分别对马达五种功率进行测量。

希望经过前面的学习，你们已能独立编写上面实验所用的程序，所以图12.14内的程序编号与上面实验的次序并不对应。目的是要你先尝试编写程序，并在实验过程中不断修改程序，最后达到实验要求。如果实在编不出，可以参考图12.14中的程序，当然首先需要根据实验内容，分析判断后找到对应程序。

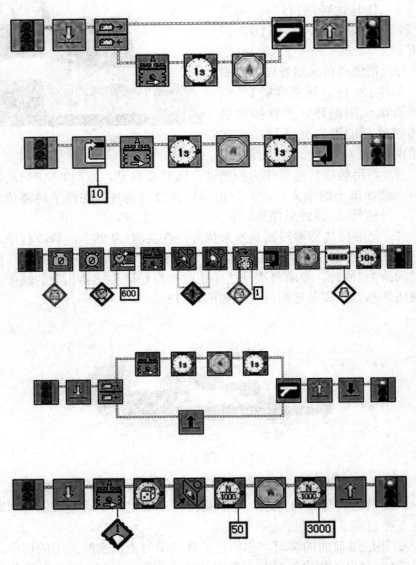

图12.14　左边的编号与上面实验的次序并不对应

## （四）实验调试提示

实验1较简单，应该能一次成功。把实验1的程序修改成实验2可分两步来做，先把普通的有限循环改成用跳转程序实现的无限循环程序，这样的程序启动后，就不会停了，只能关闭电源才能停止运行。第二步，程序中加入分支内容，分支条件是触碰传感器，即由触碰传感器的状态确定执行那个分支，再配合跳转程序，就能达到实验要求的按动触碰传感器退出循环程序，停止实验运行。

实验3虽然是无限循环程序，但要马达转动，需再按触碰传感器，实验只要求马达转1秒钟，也可以对马达运转情况做修改，如改成按触碰传感器后，马达作多次转停变换，可以采用循环中套循环的办法。

实验4马达的转动时间受三个因素控制：第一是随机时间；第二是随机时间到了后，还要转动到作直线往复运动的轴碰到触碰传感器；第三是继续转动到作直线往复运动的轴距离触碰传感器最远处。这个第三部分的时间变量是需要反复调整的，为了便于观察，所以把停止时间设为3秒钟。

实验5的程序相对较长，但调整并不复杂，当然如果对马达一至五号功率分别作转速测量，所花时间也较多。

## 拓展与挑战

前面的电动曲轴连杆传动机构实验，实现了圆周运动转为往复直线运动，图12.15是手动的曲轴连杆机构，依靠两个大车轮作惯性飞轮，还可以实现往复直线运动转为圆周运动。这里不提供安装步骤，希望你能参考照片自己安装。

来回推拉左边的小车轮，大车轮能连续转动。在起步时大齿轮上作为曲轴的销应在上或下的位置，不能在最左或最右的位置（此位置称为死点）。在此位置时，销和齿轮转动轴的连线正好与往复直线运动方向重合，不能对齿轮轴产生转动力矩。所以在转动轴上安装大车轮的目的，就是为了克服在死点位置卡住，并使得转动平稳。

我们还可以把图12.4的手动雨刷器改装成电动雨刷器，是否观察到汽车上的雨刷器在关闭后，不是马上停止，总是在回到最低点后再停止。与前面的实验5相类似，希望您为电动雨刷器编写的程序也有此功能。

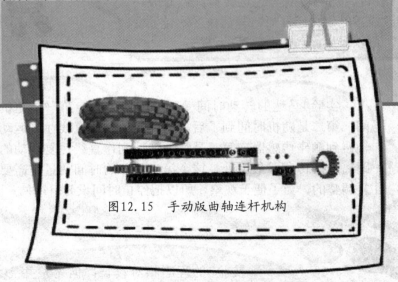

图12.15　手动版曲轴连杆机构

# 比赛机器人的制作过程

## 1. 明确任务

阅读材料

这一步是要弄清楚参加何种比赛?这种比赛的主题和规则是什么?这是整个制作过程的出发点和基础。机器人比赛的种类繁多,主体规则不同,作为参赛者参加何种比赛是一个首要问题。为此,建议参赛者们,首先了解各种比赛的信息。然后,根据自己兴趣爱好、财力、现有设备、是否有支持单位和个人等情况。综合确定参加何种比赛。也可以向身边有这方面经验的知名人士或有关组织协会询问,获得他们的帮助。

## 2. 方案确定

完成同一个任务往往有多种方案。应该尽可能多地罗列出各种方案,并逐一分析它们的优缺点、可行性、经济性、制作的难易程度,初步确定一个最优的方案。这一步很重要。因为方案选得好,可能事半功倍,能更快更好地制作出满足要求的机器人。

## 3. 原理设计

方案确定后,就要确定具体到该方案的实现原理。如要制作一个灭火机器人,确定先找到火源(蜡烛)然后是灭火的方案,那么下面面临的问题就是如何找到火源,又如何灭火的原理。

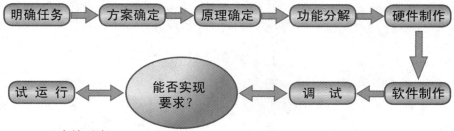

## 4. 功能分解

按照已确定好的原理,将整个机器人应具有的功能明确出来,然后确定每一功能的实现方法。如灭火机器人。应具有寻迹、灭火的能力,更进一步地,这种机器人应该具有行走能力、传感器识别轨迹的能力、识别场地中障碍物的能力、扑灭蜡烛的能力、自主控制的能力。每一种能力如何实现,相应的传感器、执行器以及控制程序等,应分解到位。

### 5．硬件制作

这一步要完成如何制作各部分功能对应的硬件？如何把各部件连接起来做成整个机器人。

### 6．软件制作

这部分要完成各个功能对应的程序及完成整个任务的程序。

### 7．调试

硬件制作、软件制作完成后，下面的工作是软硬件联机调试：要下载程序、修改程序，可能要反复多次。

### 8．试运行

初步调试成功后，要在相应的模拟场地上试运行，看各项功能是否达到。若达到，可暂时停止运行，若未达到，还要进行调试，直到实现各种功能为止。

### 9．撰写有关文件，准备参赛

有些比赛要求提供研究报告。研究报告是比赛的一部分。即使比赛没要求提供报告，养成写报告的习惯也大有益处。然后再仔细想一想，查缺补漏，做好参赛的准备。